职业教育精品系列教材
高校"青蓝工程"资助项目

AutoCAD 实训手册

董夙慧　邹　钰　主　编
过玉清　朱　飞　副主编

苏州大学出版社

图书在版编目(CIP)数据

AutoCAD实训手册 / 董夙慧,邹钰主编. —苏州:苏州大学出版社,2017.12(2021.12重印)
ISBN 978-7-5672-2334-9

Ⅰ.①A… Ⅱ.①董… ②邹… Ⅲ.①AutoCAD软件—教材 Ⅳ.①TP391.72

中国版本图书馆CIP数据核字(2017)第313655号

AutoCAD实训手册
董夙慧 邹 钰 主编
责任编辑 征 慧

苏州大学出版社出版发行
(地址:苏州市十梓街1号 邮编:215006)
宜兴市盛世文化印刷有限公司印装
(地址:宜兴市万石镇南漕河滨路58号 邮编:214217)

开本 787 mm×1 092 mm 1/16 印张 9.25 字数 232千
2017年12月第1版 2021年12月第2次印刷
ISBN 978-7-5672-2334-9 定价:29.00元

苏州大学版图书若有印装错误,本社负责调换
苏州大学出版社营销部 电话:0512-67481020
苏州大学出版社网址 http://www.sudapress.com

前 言

AutoCAD 软件是由美国欧特克有限公司(Autodesk)出品的一款自动计算机辅助设计软件,可以用于二维制图和基本三维设计,通过它无须懂得编程,即可自动制图。AutoCAD 具有广泛的适应性,可以在各种操作系统支持的微型计算机和工作站上运行。目前,该软件已在全球广泛使用,成为国际上广为流行的绘图工具,主要用于土木建筑、装饰装潢、工业制图、工程制图、电子工业、服装加工等多方面领域。

AutoCAD 具有良好的用户界面,通过交互菜单或命令行方式便可以进行各种操作。它的多文档设计环境,让非计算机专业的人员也能很快地学会使用。用户可以在不断实践的过程中更好地掌握它的各种应用和开发技巧,从而不断提高工作效率。

本书根据高等职业学校学生的实际情况编写,旨在帮助读者用较短的时间快速熟练地掌握使用 AutoCAD 绘制各种图形实例的应用技巧,并提高建筑制图和网络施工图的设计质量。

本书主要特色:

1. 讲练结合、案例丰富

本书的内容安排上充分考虑工程应用软件的特点和学习规律,提供了大量的实例供读者练习提高。

2. 学以致用、提升能力

本书除了对软件功能和关键技巧进行讲解和提示之外,还突出专业应用背景,引入完整工程应用实例,从而提高读者的工程制图能力。

全书由七个项目构成,项目一主要介绍绘图之前的一些基本设置及绘图模板的制作,项目二和项目三是从基本绘图到高级绘图的进阶练习,项目四是工程制图基础,项目五是三维绘图练习,项目六和项目七介绍了 AutoCAD 在不同行业领域中的应用绘图,分别是装饰施工图纸和综合布线绘图的练习。

由于编者水平有限,书中难免有疏漏之处,敬请广大读者提出宝贵意见。

编 者

2017 年 12 月

目 录
contents

项目一 初识绘图技巧

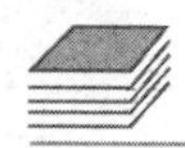

1.1 创建图层并设置绘图区域的大小及线型比例

【习题 1-1】 创建图层并设置绘图区域的大小。

操作步骤如下：

(1) 启动 AutoCAD 软件，在“Drawing1. dwg”文件的模型空间中参照图 1-1 中的图层属性创建图层。

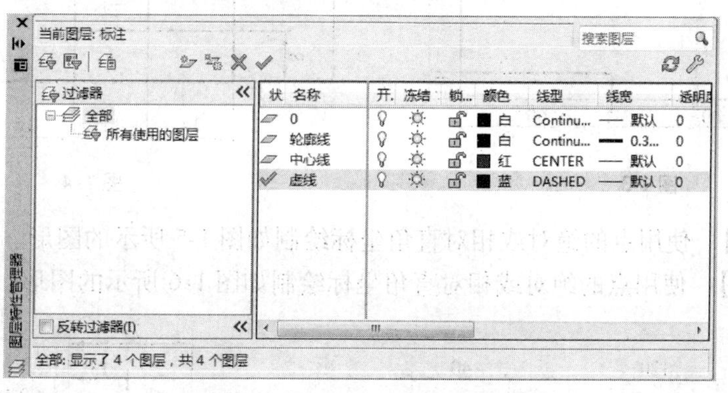

图 1-1 “图层特性管理器”对话框

(2) 使用“LIMITS”命令设定绘图区域的大小为 1500 × 1000，打开栅格，右击栅格图标，在弹出的快捷菜单中单击“设置”命令，在打开的“草图设置”对话框中取消选中“显示超出界限的栅格”复选框，如图 1-2 所示。

(3) 执行“ZOOM”命令，输入“A”，使栅格充满整个图形窗口。

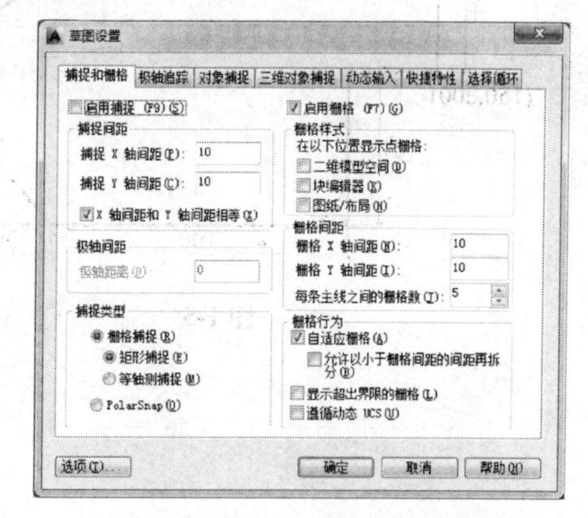

图 1-2 “草图设置”对话框

【习题 1-2】 设置线型比例。

操作步骤如下：

(1) 使用“LINE”命令绘制一条长为 1000mm

的水平线。

(2) 选中这条水平线,在图层下拉列表中选择“中心线”命令。

(3) 选择“格式”→“线型”命令,将“全局比例因子”设置为“3”,并观察水平线的变化。

1.2 使用点的坐标、正交及对象捕捉绘图

【习题 1-3】 使用点的绝对或相对直角坐标绘制如图 1-3 所示的图形。

【习题 1-4】 使用点的绝对或相对直角坐标绘制如图 1-4 所示的图形。

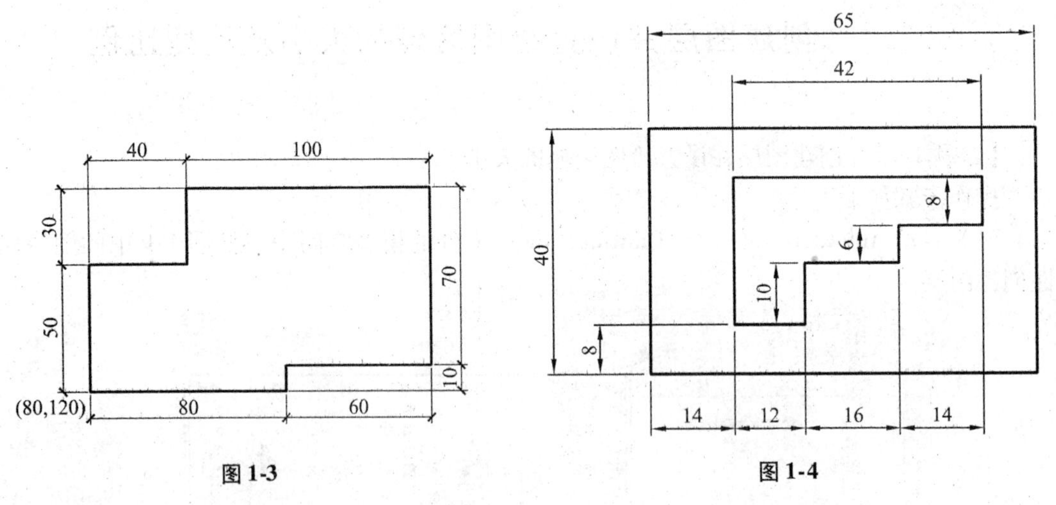

图 1-3　　图 1-4

【习题 1-5】 使用点的绝对或相对直角坐标绘制如图 1-5 所示的图形。

【习题 1-6】 使用点的绝对或相对直角坐标绘制如图 1-6 所示的图形。

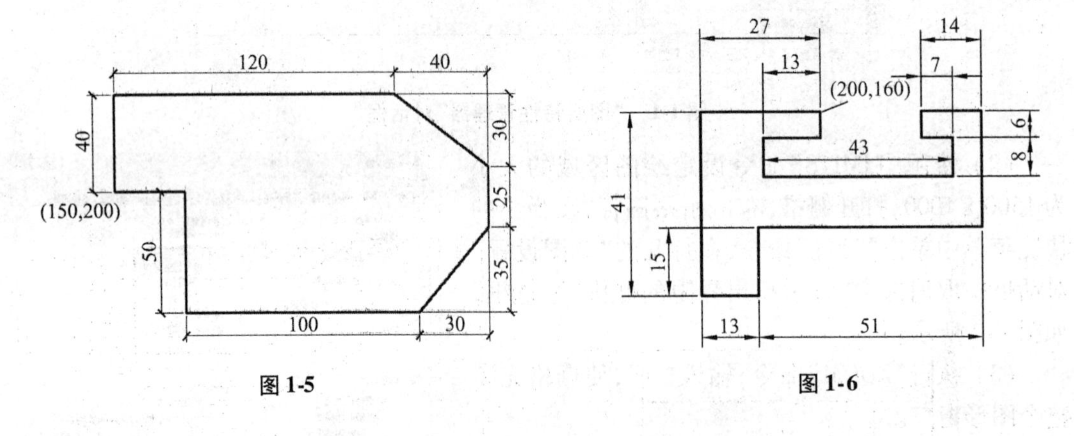

图 1-5　　图 1-6

【习题 1-7】 使用点的绝对或相对直角坐标绘制如图 1-7 所示的图形。

【习题 1-8】 使用点的绝对或相对直角坐标绘制如图 1-8 所示的图形。

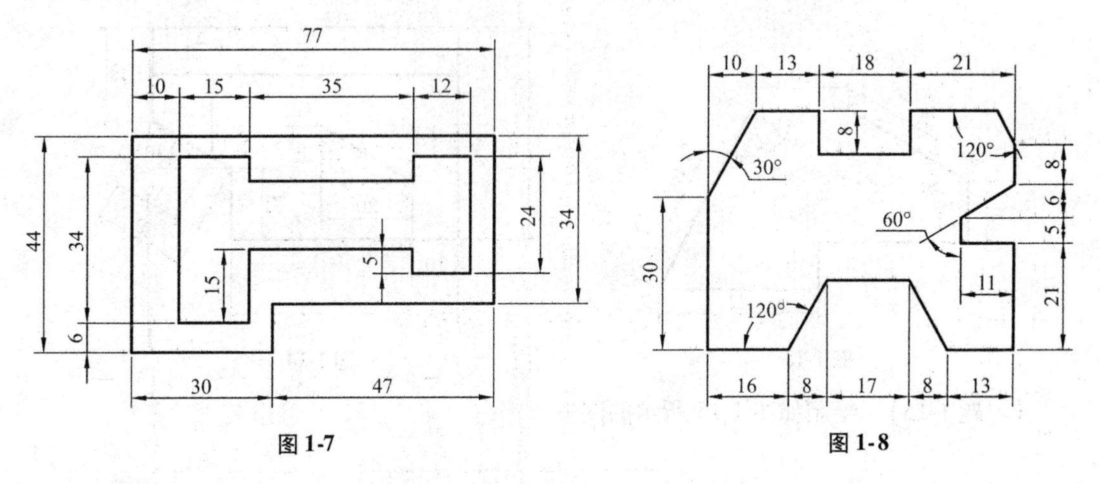

图 1-7　　　　图 1-8

【习题 1-9】 使用点的绝对或相对直角坐标绘制如图 1-9 所示的图形。

【习题 1-10】 使用点的绝对或相对直角坐标绘制如图 1-10 所示的图形。

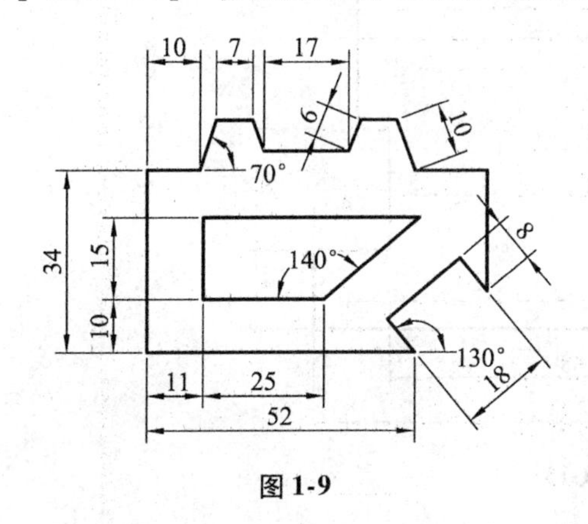

图 1-9　　　　图 1-10

【习题 1-11】 使用点的绝对或相对直角坐标绘制如图 1-11 所示的图形。

【习题 1-12】 使用点的绝对或相对直角坐标绘制如图 1-12 所示的图形。

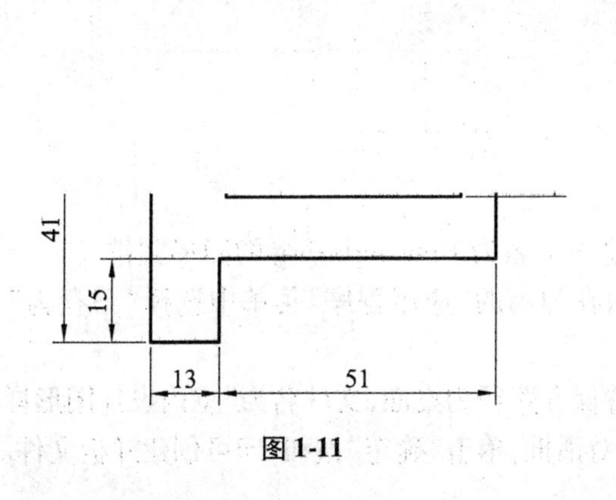

图 1-11

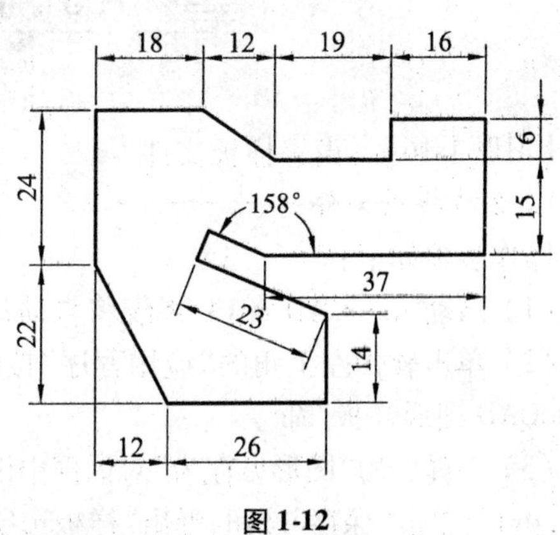

图 1-12

【习题 1-13】 使用点的绝对或相对直角坐标绘制如图 1-13 所示的图形。

【习题 1-14】 绘制如图 1-14 所示的图形。

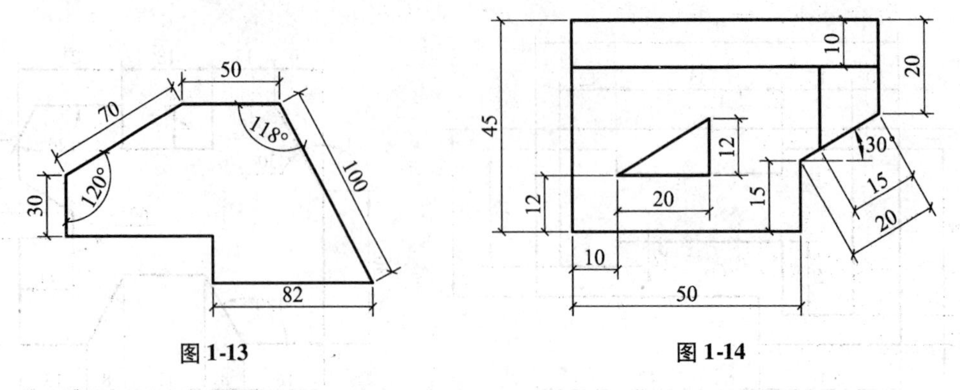

图 1-13　　　　图 1-14

【习题 1-15】 绘制如图 1-15 所示的图形。

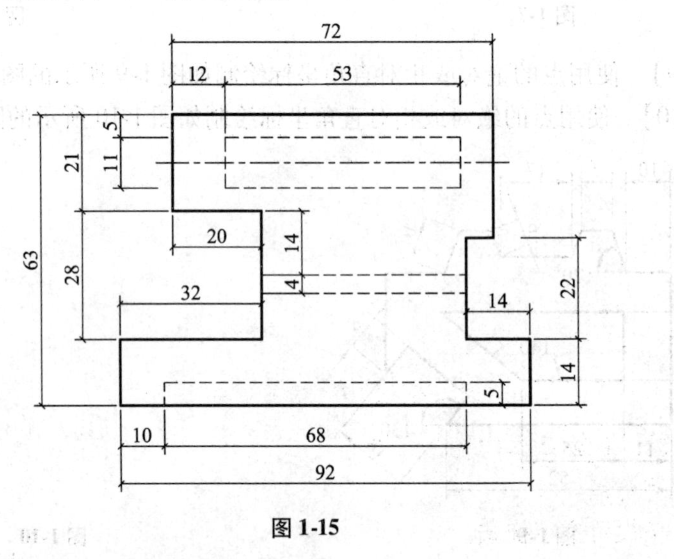

图 1-15

1.3 制作绘图模板

【习题 1-16】 设置样板文件。

1. 创建样板文件

操作步骤如下：

（1）启动 AutoCAD 2014，系统将自动创建一个名为 Drawing1. dwg 的图形文件。

（2）单击软件左上角的“应用程序”按钮，在弹出的“应用程序”菜单中选择“另存为”→“AutoCAD 图形样板”命令。

（3）在弹出的“图形另存为”对话框中设置保存路径为桌面，文件名为“室内设计图形样板文件. dwt”，单击“保存”按钮，弹出“样板选项”对话框，单击“确定”按钮，即可创建样板文件。

2．设置图形单位

操作步骤如下：

（1）选择“格式”→“单位”命令（或在命令行中输入“UN”命令），弹出“图形单位”对话框。

（2）在“长度”选项组的“精度”下拉列表中选择“0”选项，其他设置不变。

3．设置图形界限

设置图形界限为42000mm×29700mm。

4．创建并设置图层

创建并设置图层，如图1-16所示。

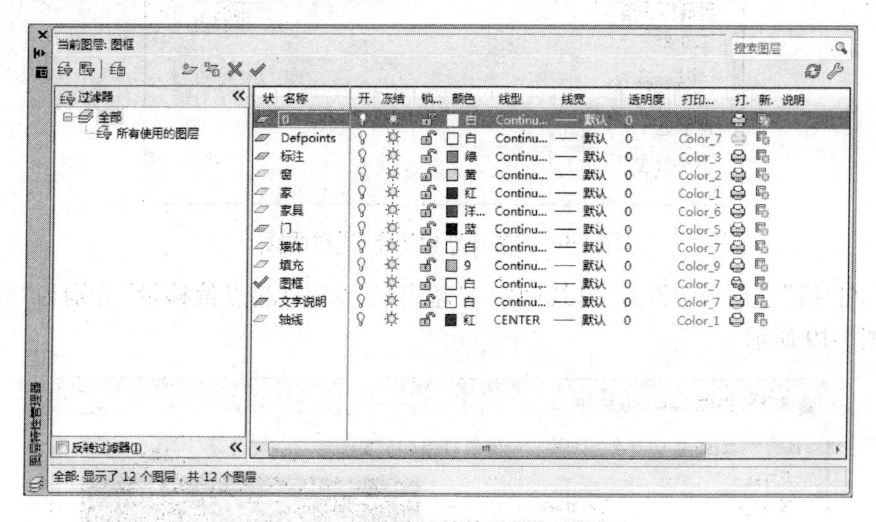

图1-16　“图层特性管理器”对话框

【习题1-17】　创建基本样式。

1．设置文字样式

参照图1-17设置文字样式。

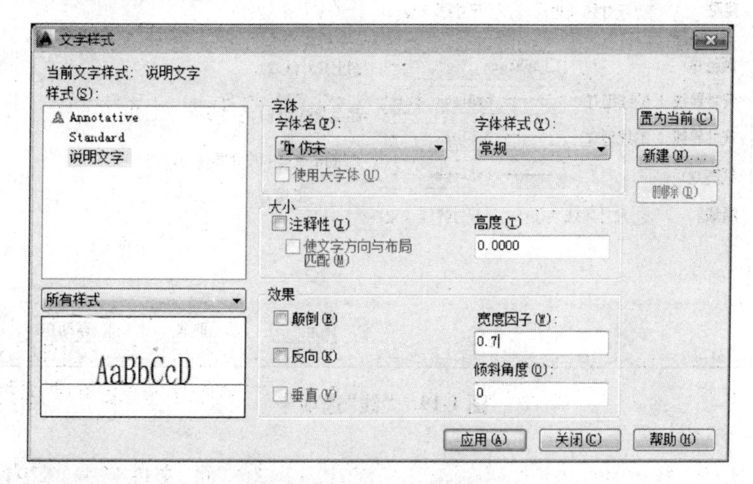

图1-17　“文字样式”对话框

2. 创建室内设计标注样式

操作步骤如下：

(1) 选择“格式”→“标注样式”命令(或在命令行中输入“D”命令)，在弹出的“标注样式管理器”对话框中单击“新建”按钮，弹出“创建新标注样式”对话框，在“新样式名”文本框中输入“室内设计标注”，如图 1-18 所示，单击“继续”按钮。

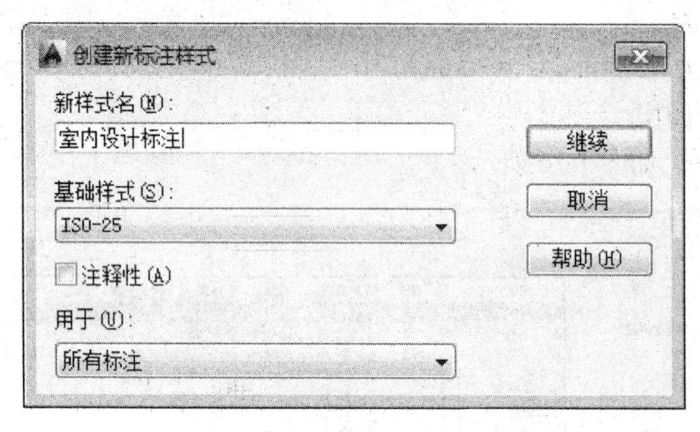

图 1-18 “创建新标注样式”对话框

(2) 在“线”选项卡中设置“基线间距”“超出尺寸线”“起点偏移量”分别为“8”“1”和“1”，如图 1-19 所示。

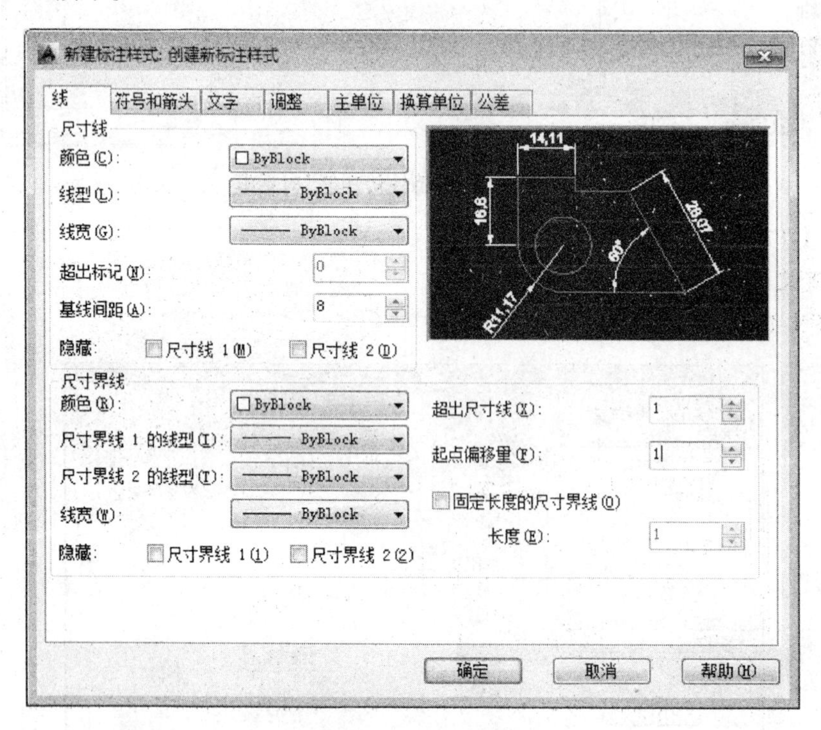

图 1-19 “线”选项卡

(3) 在“符号和箭头”选项卡中设置“箭头”为“建筑标记”，如图 1-20 所示。

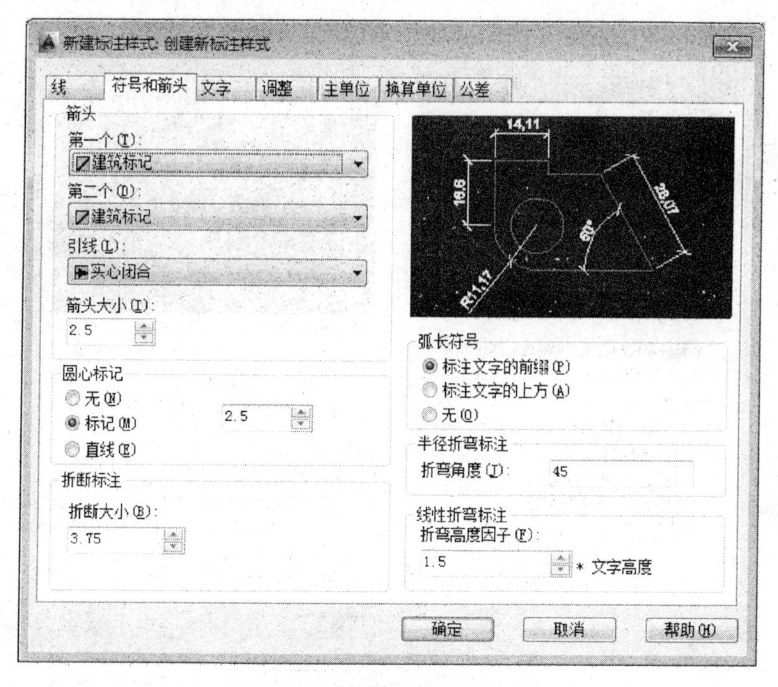

图 1-20　“符号和箭头”选项卡

(4) 在“文字”选项卡中设置“文字样式”为“标注文字”，设置“从尺寸线偏移”为“0.8”，如图 1-21 所示。

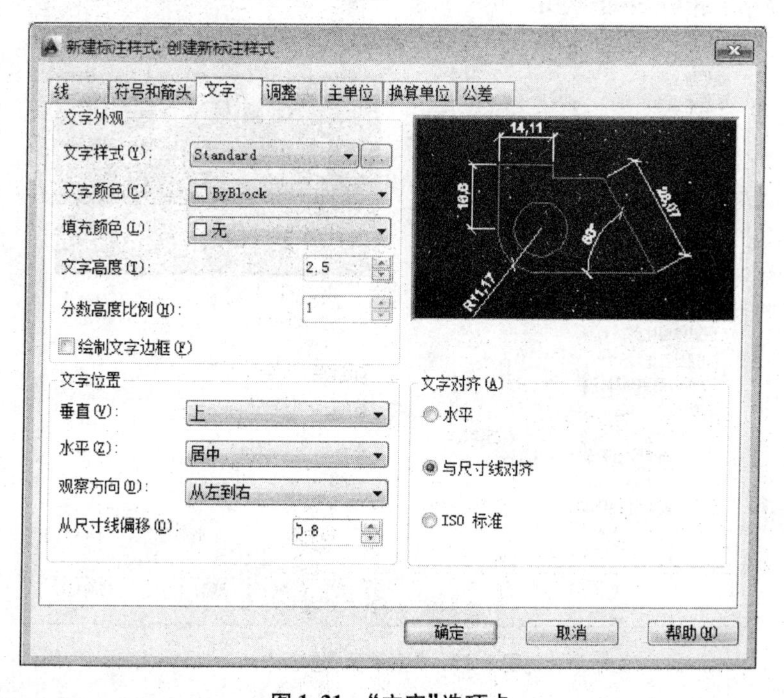

图 1-21　“文字”选项卡

（5）在“调整”选项卡中选中“使用全局比例”单选按钮并设置为“50”，如图1-22所示。

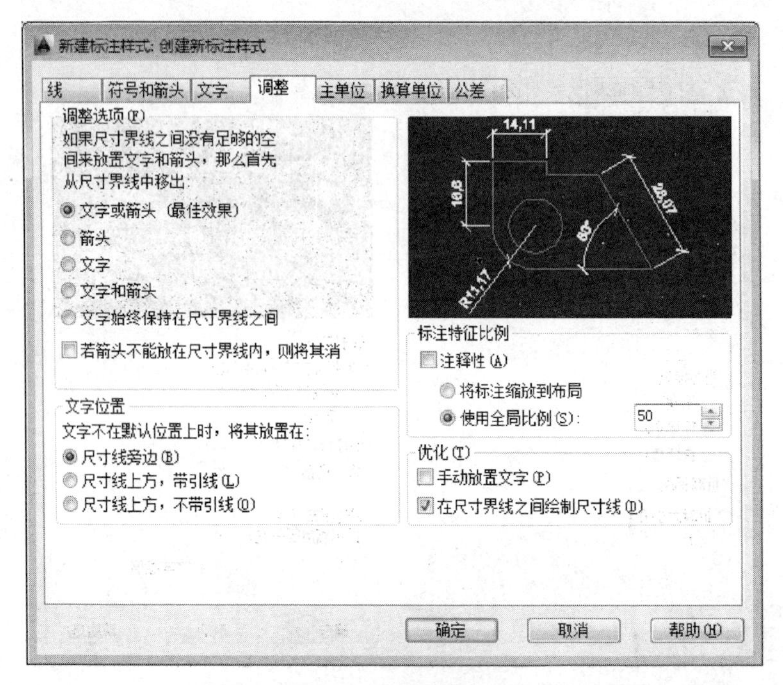

图1-22 “调整”选项卡

（6）在“主单位”选项卡中设置“小数分隔符”为“.（句点）”，如图1-23所示。

图1-23 “主单位”选项卡

（7）单击“确定”按钮完成设置。

3. 设置引线样式

操作步骤如下：

(1) 选择“格式”→“多重引线样式”命令(或在命令行中输入“MLEADERSTYLE”命令),在弹出的“多重引线样式管理器”对话框中单击“新建”按钮,弹出“创建新多重引线样式”对话框,在“新样式名”文本框中输入“说明文字”,如图 1-24 所示,单击“继续”按钮。

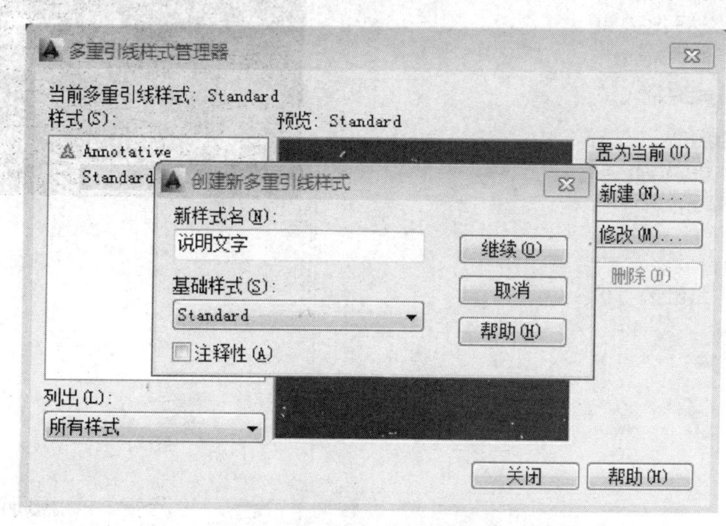

图 1-24　“创建新多重引线样式”对话框

(2) 单击“引线格式”选项卡,分别设置“符号”为“点”,“大小”为“1.5”,“打断大小”为“0.75”,如图 1-25 所示。

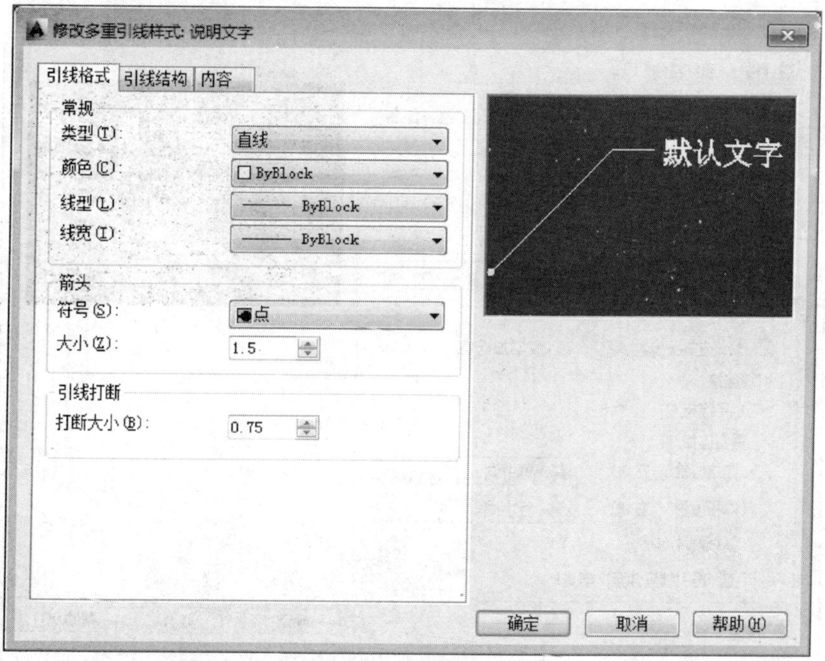

图 1-25　“引线格式”选项卡

（3）单击“引线结构”选项卡，选中“注释性”复选框，使样式具有注释性功能，如图1-26所示。

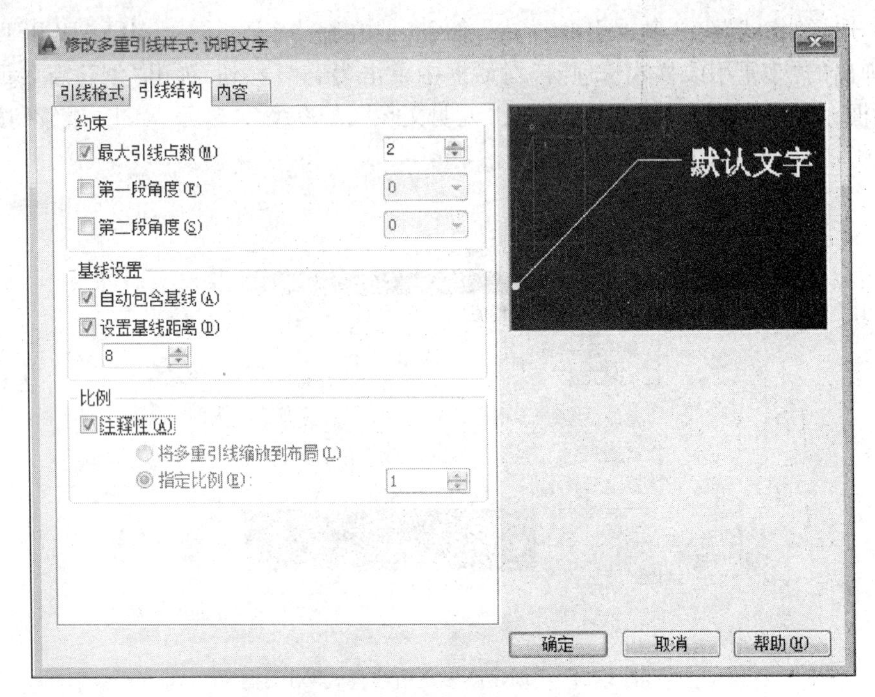

图 1-26　“引线结构”选项卡

（4）单击“内容”选项卡，设置“文字样式”为“说明文字”，如图 1-27 所示。

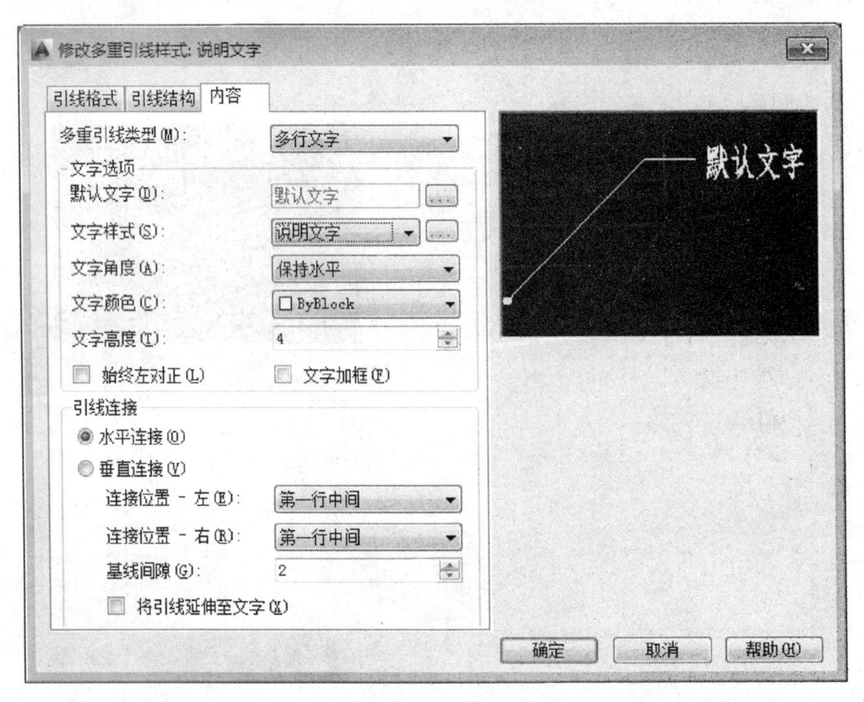

图 1-27　“内容”选项卡

（5）单击“确定”按钮，返回“多重引线样式管理器”对话框，依次单击“置为当前”和“关闭”按钮，完成引线样式设置。

【习题1-18】　创建A3图框图块。

A3图框是室内装潢设计施工图中最常用的图幅，设计师在进行出图时，应用统一的图幅，以提供统一协调的施工图纸。

操作步骤如下：

（1）双击打开【习题1-16】创建的“室内设计图形样板文件.dwt”，执行LA（图层特性）命令，弹出“图层特性管理器”面板；单击“新建图层”按钮，新建“图框”图层，设置“颜色”为“白”，并将其置为当前层。

（2）执行“REC”（矩形）命令，在命令行提示下，在绘图区单击任意一点作为矩形第一角点，然后输入第二角点坐标为（@420，297），按【Enter】键确认，绘制矩形。

（3）执行“X”（分解）命令，在命令行提示下，选择矩形为分解对象，按【Enter】键确认，分解矩形；执行“O”（偏移）命令，在命令行提示下，分别将左边直线向右偏移25、将其他三个边的直线一次向内偏移5。

（4）执行“TR”（修剪）命令，在命令行提示下，选择所绘制的图像对象，按【Enter】键确认，修剪多余线段，效果如图1-28所示。

图1-28　A3图框效果图

（5）执行“O”（偏移）命令，在命令行提示下，将右边内框线向左偏移60。

（6）绘制相关表格并输入内容，效果如图1-29所示。

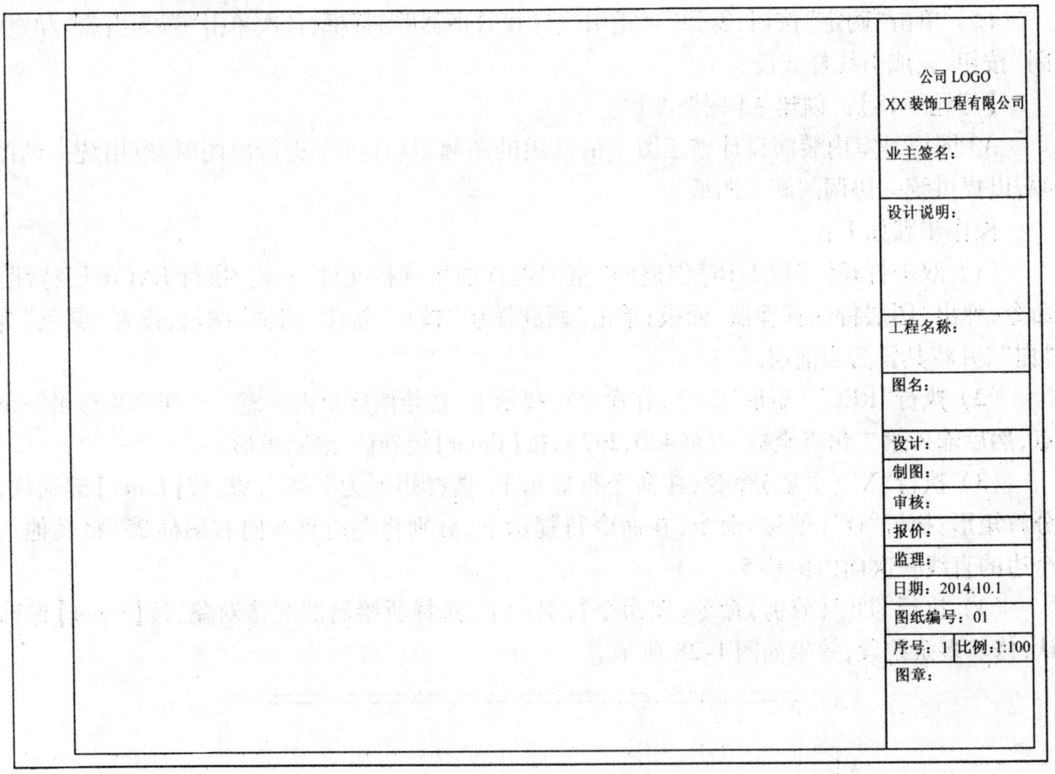

公司 LOGO
XX 装饰工程有限公司
业主签名：
设计说明：
工程名称：
图名：
设计：
制图：
审核：
报价：
监理：
日期：2014.10.1
图纸编号：01
序号：1 比例：1:100
图章：

图 1-29　A3 图纸效果图

（7）执行“B”（创建）命令，参照前面的操作方法，创建“A3 图框”图块。

项目二

基本绘图练习

2.1 绘制直线类

【习题2-1】 绘制标高符号。

操作步骤如下:

(1) 启动 AutoCAD 软件,在“标高符号. dwg”文件的模型空间中参照图 2-1 中的图形进行绘制。

图 2-1

(2) 单击绘图工具中的“直线”按钮,绘制标高符号图形。

(3) 在命令行提示“指定第一点”中输入“100,100”。

(4) 在命令行提示“指定下一个点”中输入“@40, < -135”。

(5) 在命令行提示“指定下一个点”中输入“@40, < -135”。

(6) 在命令行提示“指定下一个点”中输入“@180,0”。

(7) 在命令行提示“指定下一个点”处按回车键结束命令。

【习题2-2】 绘制如图 2-2 所示的 A4 图框。

【习题2-3】 修改对象所在图层,改变对象线宽,如图 2-3 所示。

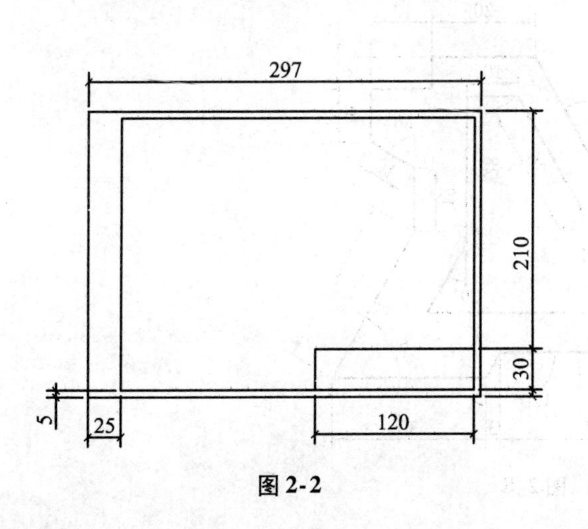

图 2-2

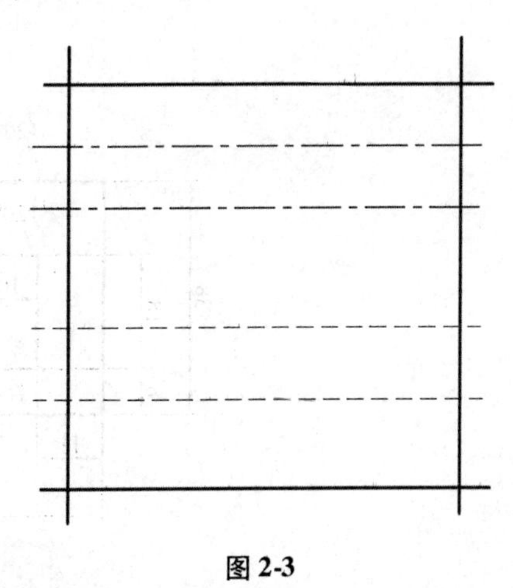

图 2-3

【习题 2-4】 修改对象所在图层,将对象 A、B 的颜色改为红色,如图 2-4 所示。

【习题 2-5】 使用"直线"命令绘制如图 2-5 所示的图形。

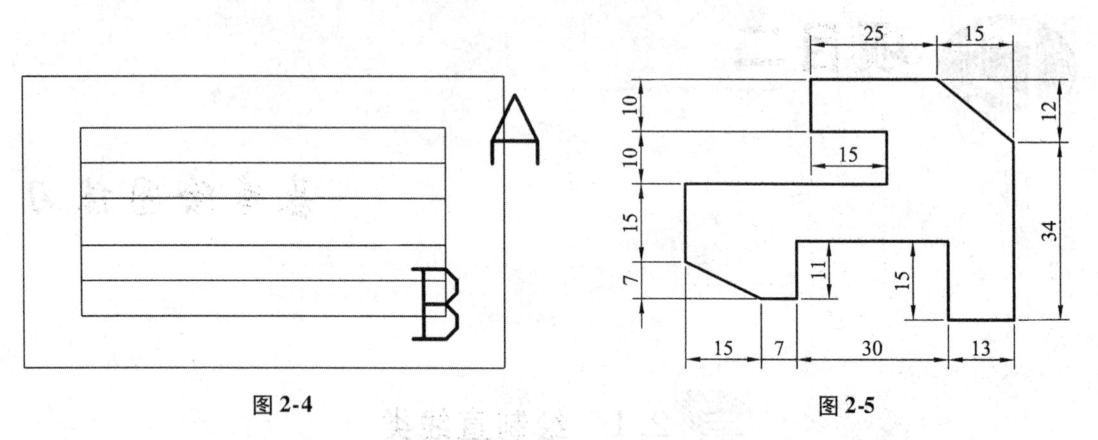

图 2-4　　　　图 2-5

【习题 2-6】 使用点的相对直角坐标和极坐标绘制如图 2-6 所示的图形。

【习题 2-7】 使用"直线"命令绘制如图 2-7 所示的图形。

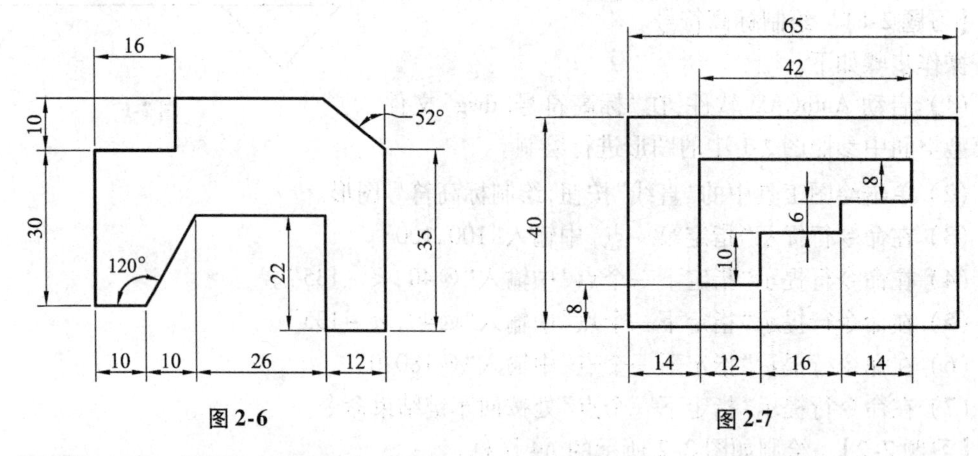

图 2-6　　　　图 2-7

【习题 2-8】 使用"直线"命令,打开极轴追踪绘制如图 2-8 所示的图形。

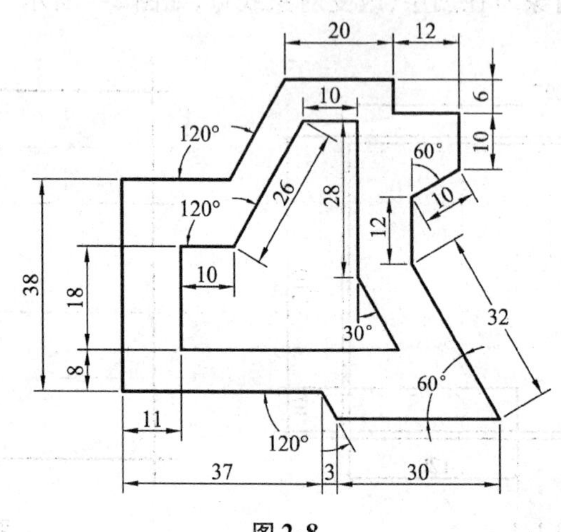

图 2-8

【习题 2-9】　使用“直线”命令，打开极轴追踪绘制如图 2-9 所示的图形。

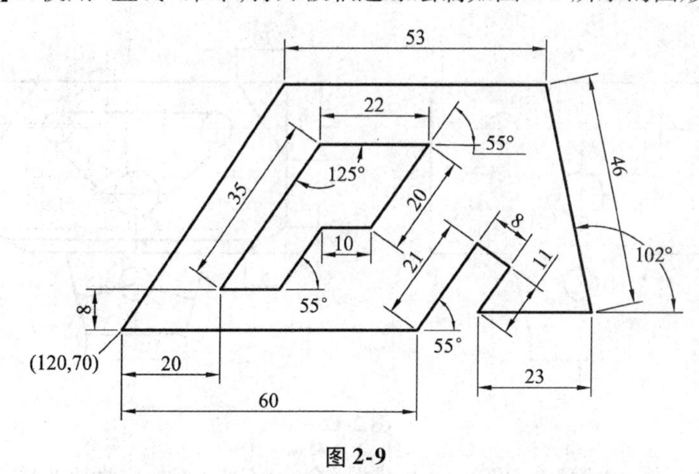

图 2-9

【习题 2-10】　使用“直线”命令，打开极轴追踪绘制如图 2-10 所示的图形。

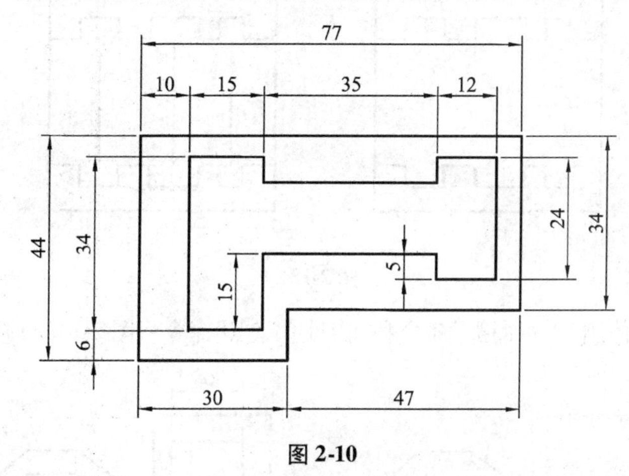

图 2-10

【习题 2-11】　使用“直线”命令，打开极轴追踪绘制如图 2-11 所示的图形。

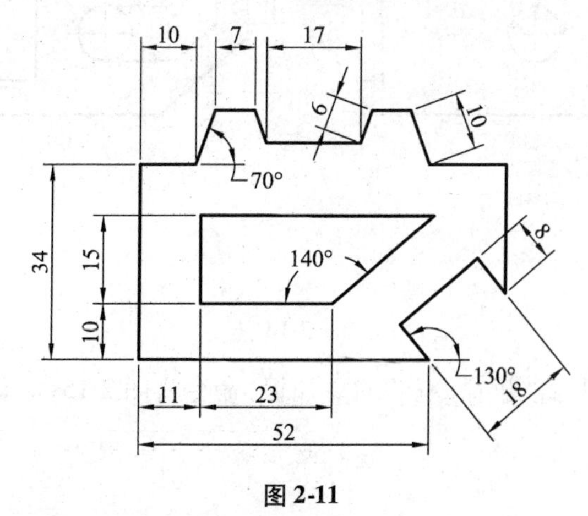

图 2-11

【习题 2-12】 使用“线”命令和“对象捕捉”命令绘制如图 2-12 所示的图形。

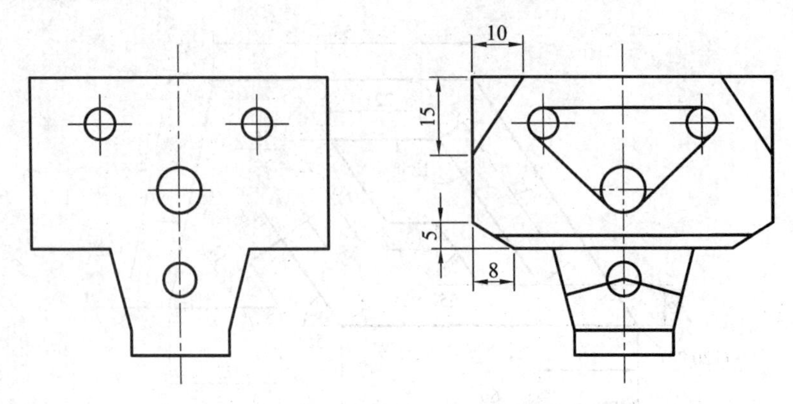

图 2-12

【习题 2-13】 使用“线”命令和“中点捕捉”命令将图 2-13(a)修改为图 2-13(b)。

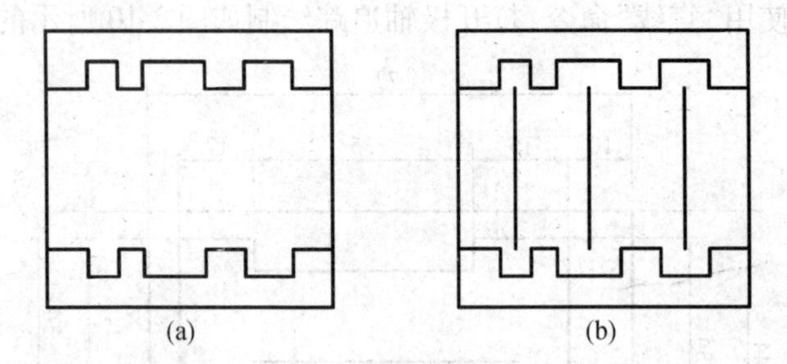

图 2-13

【习题 2-14】 使用“平行捕捉”命令和“临时追踪点”命令将图 2-14(a)修改为图 2-14(b)。

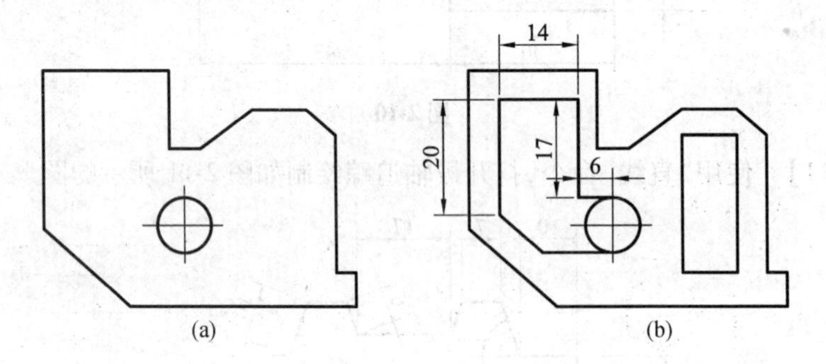

图 2-14

【习题 2-15】 使用“直线”命令和“对象捕捉”命令将图 2-15(a)修改为图 2-15(b)。

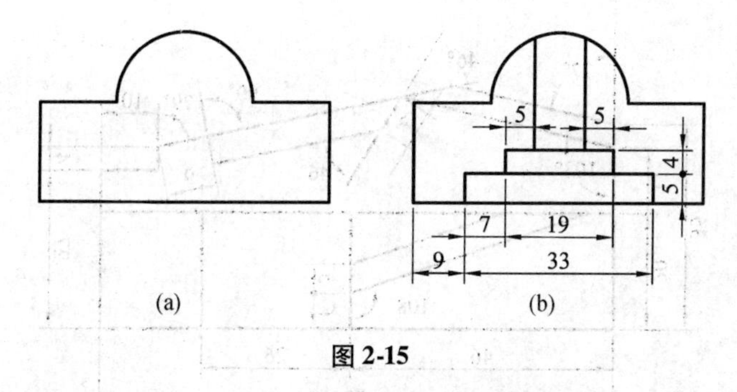

图 2-15

【习题 2-16】 使用“直线”命令和“对象捕捉”命令绘制如图 2-16 所示的图形。

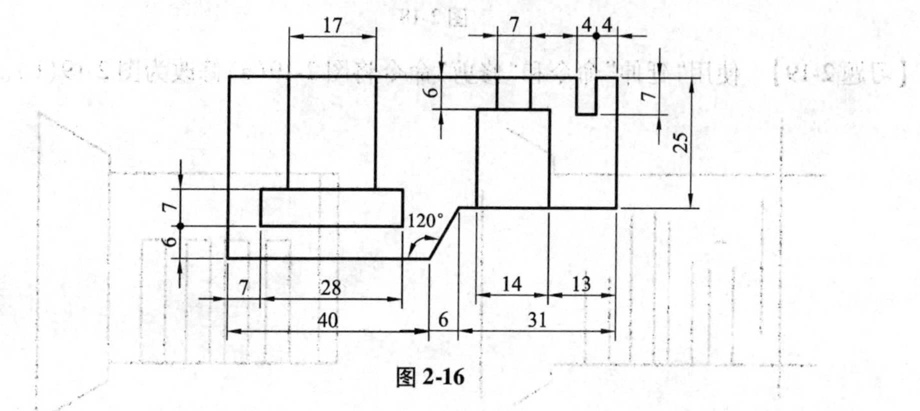

图 2-16

【习题 2-17】 使用“结构线”命令和“修剪”命令将图 2-17(a)修改为图 2-17(b)。

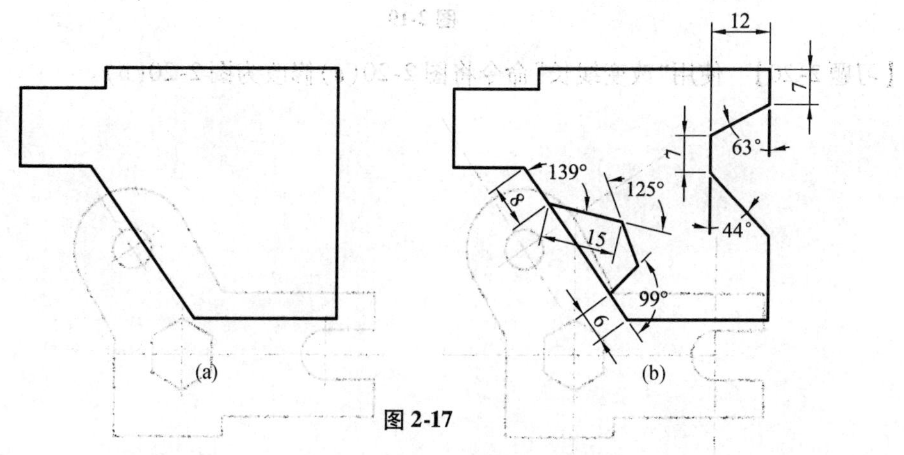

图 2-17

【习题 2-18】 使用“结构线”命令和“修剪”命令绘制如图形 2-18 所示的图形。

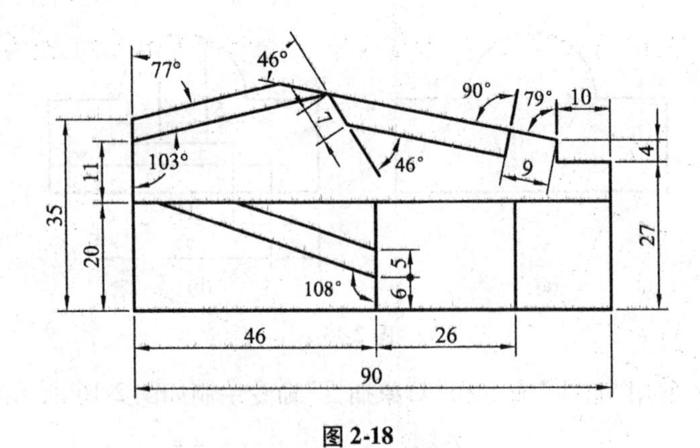

图 2-18

【习题 2-19】 使用“延伸”命令和“修剪”命令将图 2-19(a)修改为图 2-19(b)。

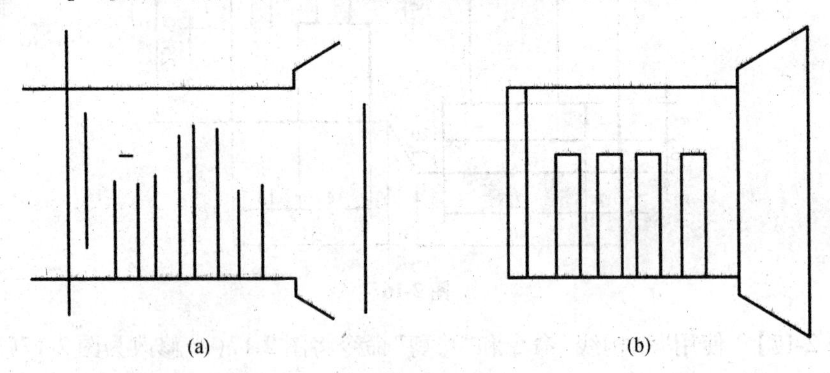

(a) (b)

图 2-19

【习题 2-20】 使用“改变线长”命令将图 2-20(a)修改为图 2-20(b)。

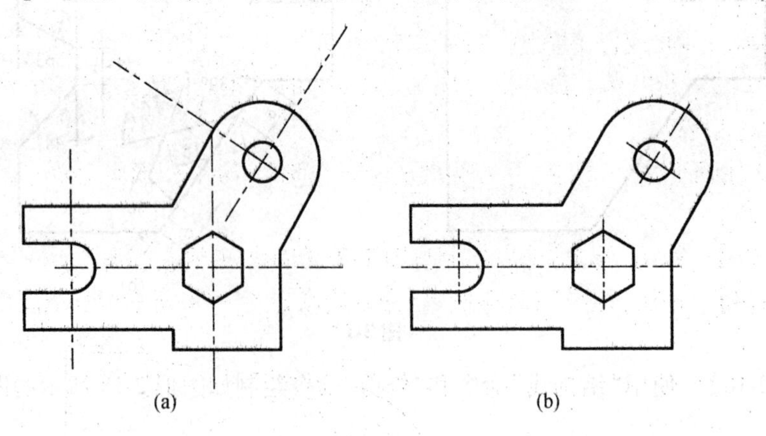

(a) (b)

图 2-20

【习题2-21】　使用“直线”命令和“改变线长”命令将图2-21(a)修改为图2-21(b)。

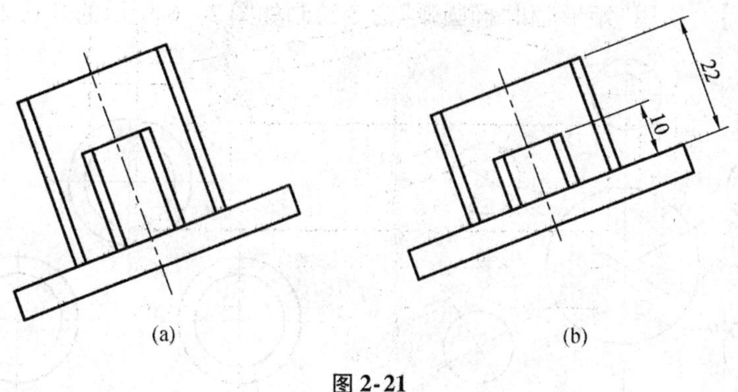

图2-21

2.2　绘制圆形类

【习题2-22】　使用“直线”和“圆”命令绘制如图2-22所示的喷泉水池图形。

操作步骤如下：

(1) 单击绘图工具中的“直线”按钮，绘制一条8000的直线。重复直线命令，在线中点位置向上绘制一条4000的垂直线，重复直线命令，在线中点位置向下绘制一条4000的垂直线，设置线型为CENTER，线型的比例为20。

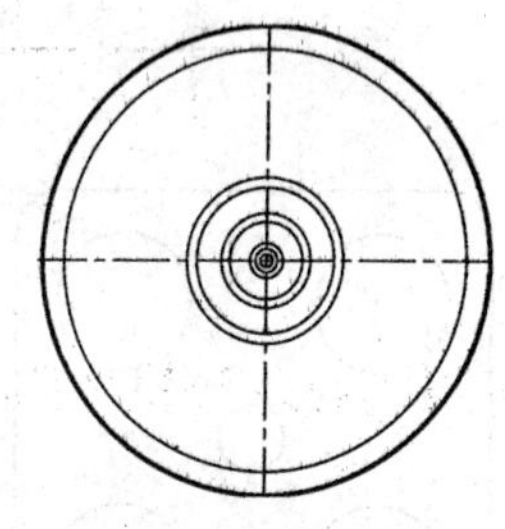

图2-22

(2) 单击绘图工具中的“圆”按钮，绘制图形“圆形”。在命令行提示“指定圆的圆心或【三点(3P)/两点(2P)/切点、切点、半径(T)】：”指向线段交汇中点。在命令行提示“指定圆的半径或【直径(D)】：”处输入120。

(3) 重复“圆形”命令，绘制同心圆，圆的半径分别是：4000、3600、1400、1250、800、650、280、200。

【习题2-23】　使用“圆弧”命令绘制如图2-23所示的五瓣花图形。

【习题2-24】　使用“矩形”和“椭圆弧”命令绘制如图2-24所示的马桶图形。

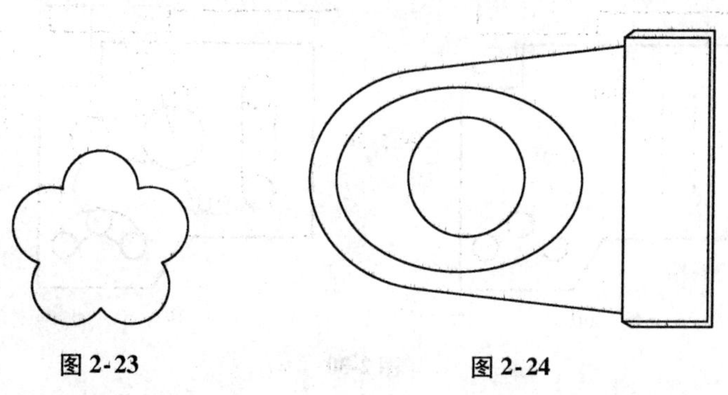

图2-23　　图2-24

【习题 2-25】 使用“矩形”和“椭圆弧”命令绘制如图 2-25 所示的灯具 1 图形。

【习题 2-26】 使用“矩形”和“椭圆弧”命令绘制如图 2-26 所示的灯具 2 图形。

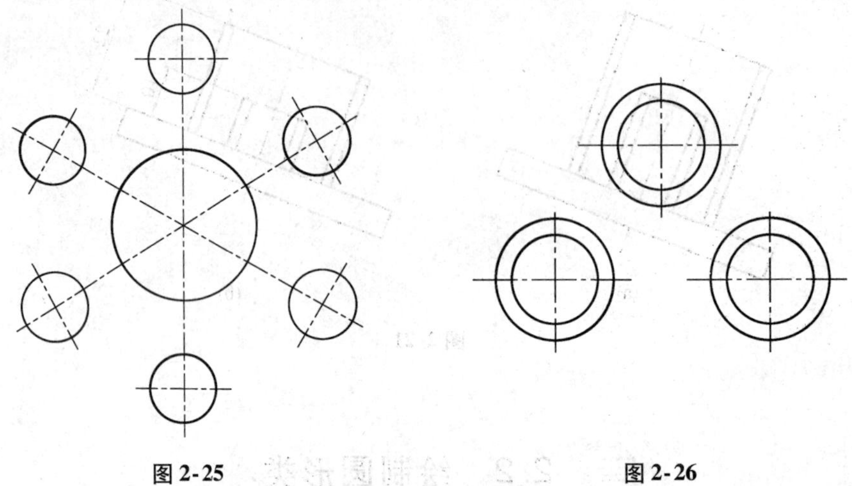

图 2-25　　图 2-26

【习题 2-27】 使用“矩形”和“椭圆弧”命令绘制如图 2-27 所示的灯具 3 图形。

【习题 2-28】 使用“椭圆弧”命令绘制如图 2-28 所示的灯具 4 图形。

【习题 2-29】 使用“矩形”和“椭圆弧”命令绘制如图 2-29 所示的洗手盆。

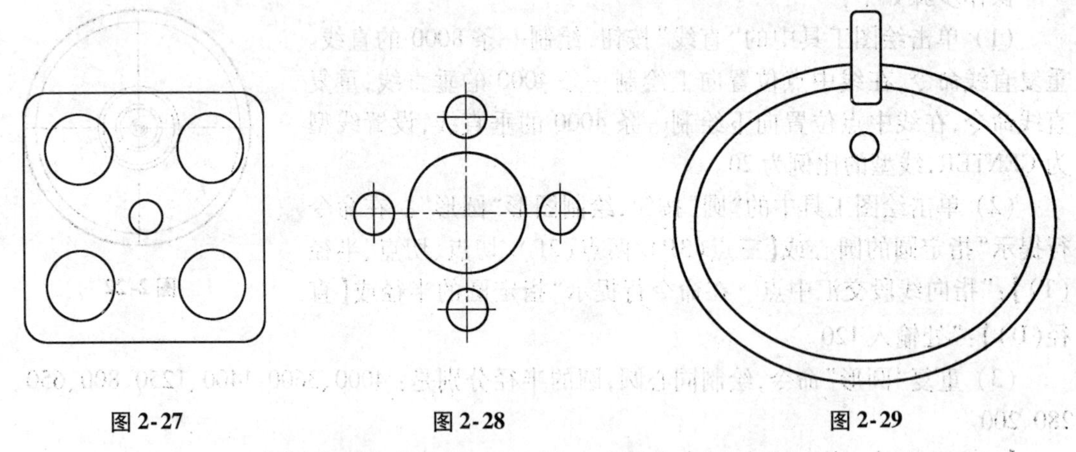

图 2-27　　图 2-28　　图 2-29

【习题 2-30】 使用“圆”和“修剪”命令将图形 2-30(a)修改为图 2-30(b)。

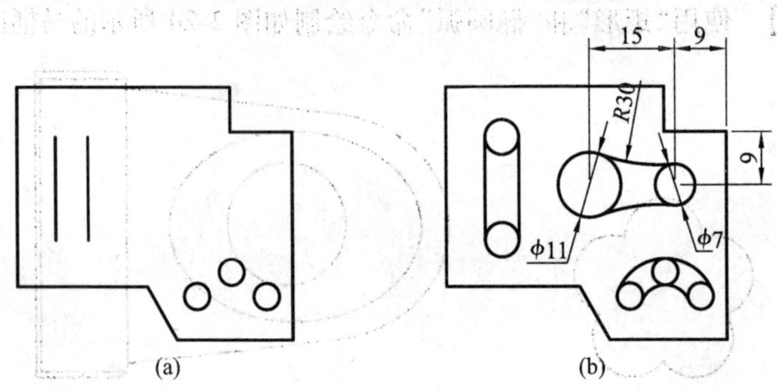

图 2-30

【习题 2-31】 使用“圆”命令绘制如图 2-31 所示的图形。

【习题 2-32】 使用“椭圆”命令绘制如图 2-32 所示的图形。

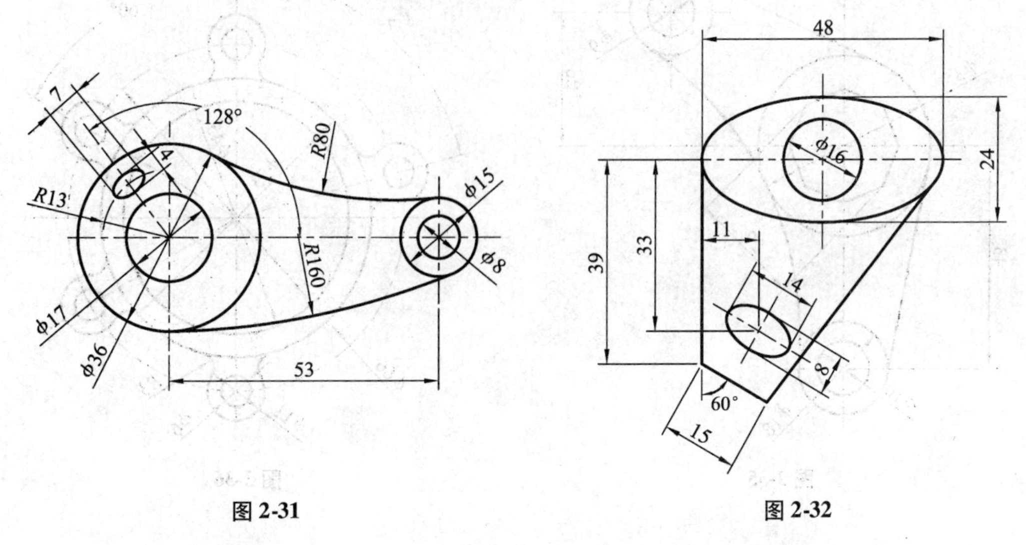

图 2-31　　　　图 2-32

【习题 2-33】 使用“圆”命令绘制如图 2-33 所示的图形。

【习题 2-34】 使用“圆弧”和“光滑过渡”命令绘制如图 2-34 所示的图形。

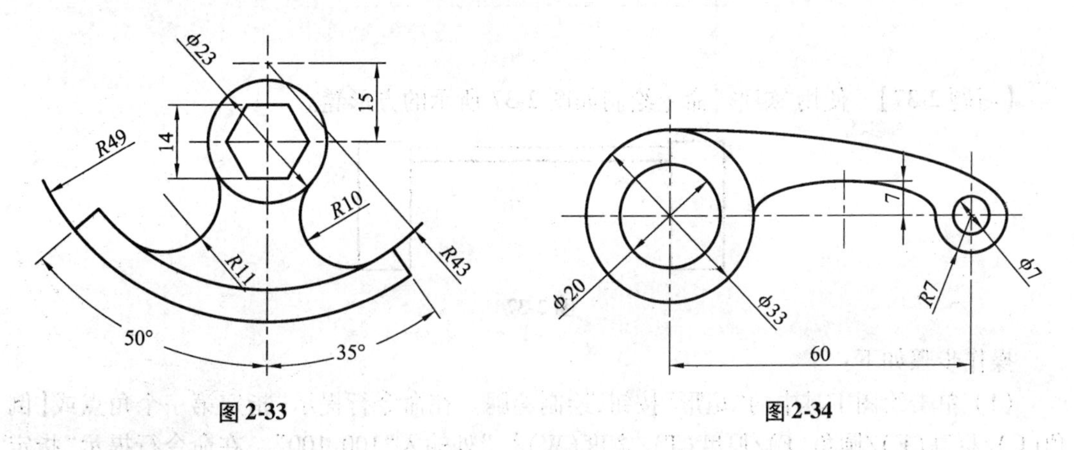

图 2-33　　　　图 2-34

【习题 2-35】 使用“圆弧”和“光滑过渡”命令绘制如图 2-35 所示的图形。

【习题 2-36】 使用“环行阵列”命令绘制如图 2-36 所示的图形。

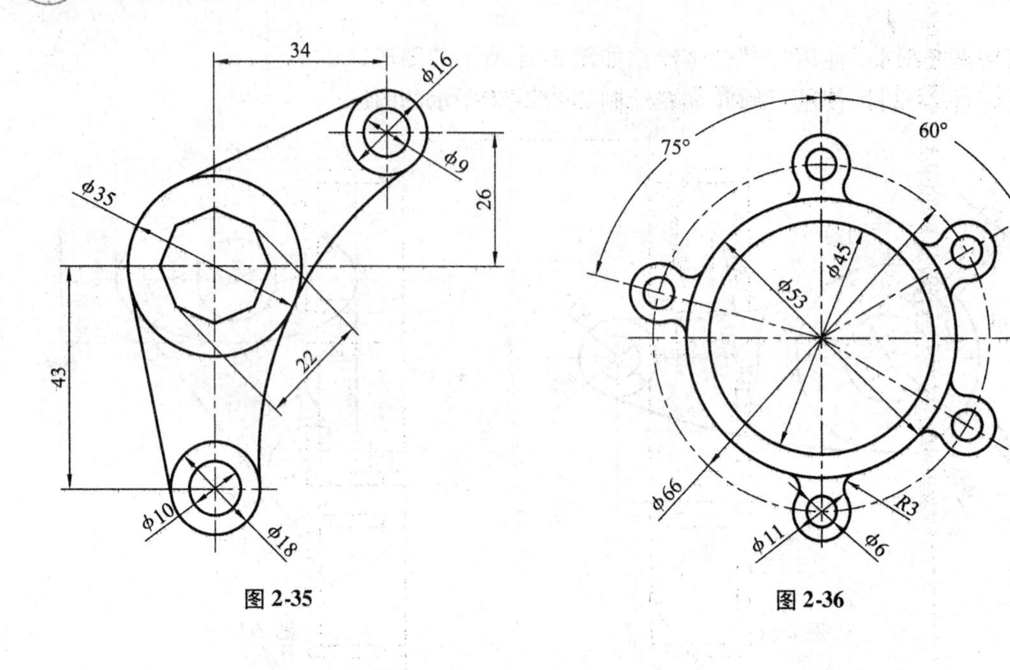

图 2-35　　　　图 2-36

2.3 绘制矩形

【习题 2-37】 使用“矩形”命令绘制如图 2-37 所示的方形凳。

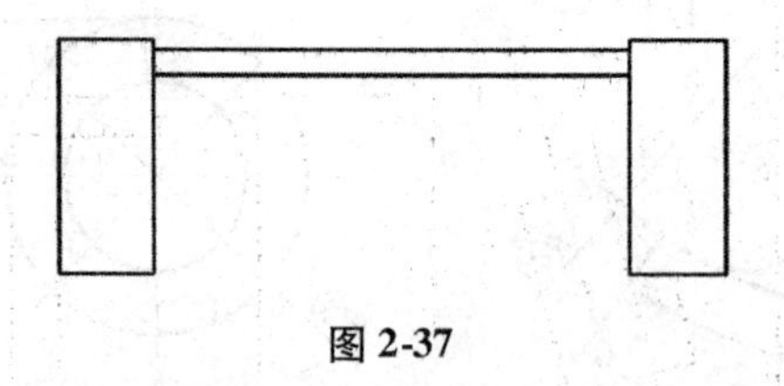

图 2-37

操作步骤如下：

(1) 单击绘图工具中的“矩形”按钮，绘制凳腿。在命令行提示“指定第一个角点或【倒角(C)/标高(E)/圆角(F)/厚度(T)/宽度(W)】:”处输入“100,100”。在命令行提示“指定另一个角点或【面积(A)/尺寸(D)/旋转(R)】”处输入“300,570”。

(2) 重复“矩形”命令，继续绘制另一个凳腿。在命令行提示“指定第一个角点或【倒角(C)/标高(E)/圆角(F)/厚度(T)/宽度(W)】:”处输入“1500,100”。在命令行提示“指定另一个角点或【面积(A)/尺寸(D)/旋转(R)】”处输入“D”。在命令行提示“指定另一个矩形的长度 <10.0000>:”处输入“200”。在命令行提示“指定另一个矩形的长度 <10.0000>:”处输入“470”。

(3) 右击状态栏上的“对象捕捉”按钮，在弹出的快捷菜单中选择“设置”命令，打开“草图设置”对话框，单击“全部”按钮，选择所有的对象捕捉模式，单击“确定”按钮。

(4) 单击“绘图”工具栏中的“直线”按钮，绘制一条直线。在命令行提示“指定第一个点:”处输入“300,500”。在命令行提示“指定第一个点或【放弃(U)】:”水平向右捕捉另一个矩形上的垂足。

【习题 2-38】 使用"矩形"命令绘制如图 2-38 所示的餐桌。

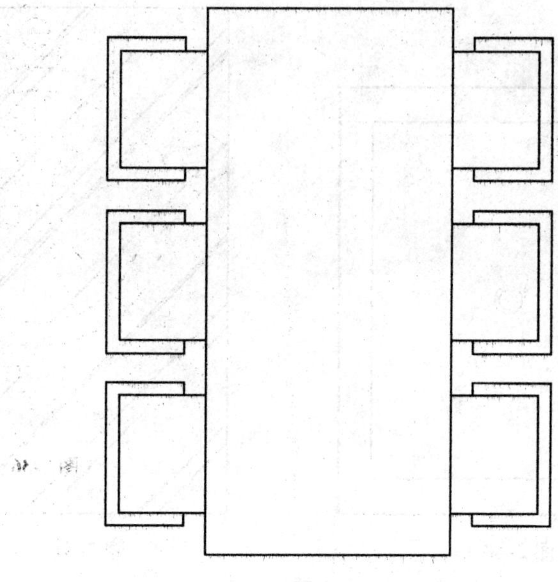

图 2-38

【习题 2-39】 使用"矩形"命令绘制如图 2-39 所示的电脑桌。

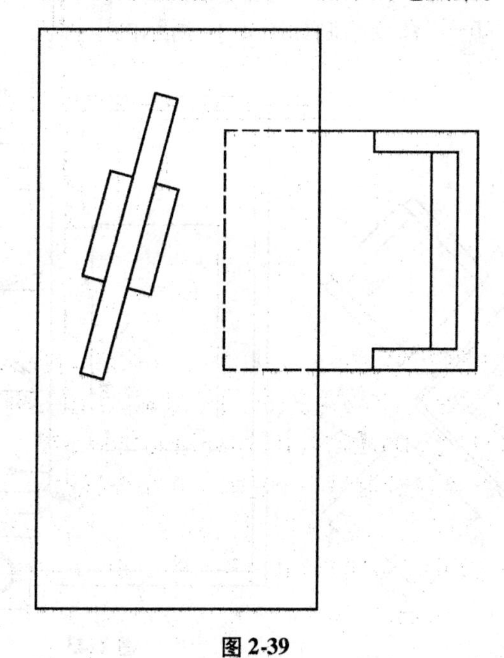

图 2-39

【习题 2-40】 使用“矩形”命令绘制如图 2-40 所示的洗手池。

【习题 2-41】 使用“矩形”命令绘制如图 2-41 所示的茶几。

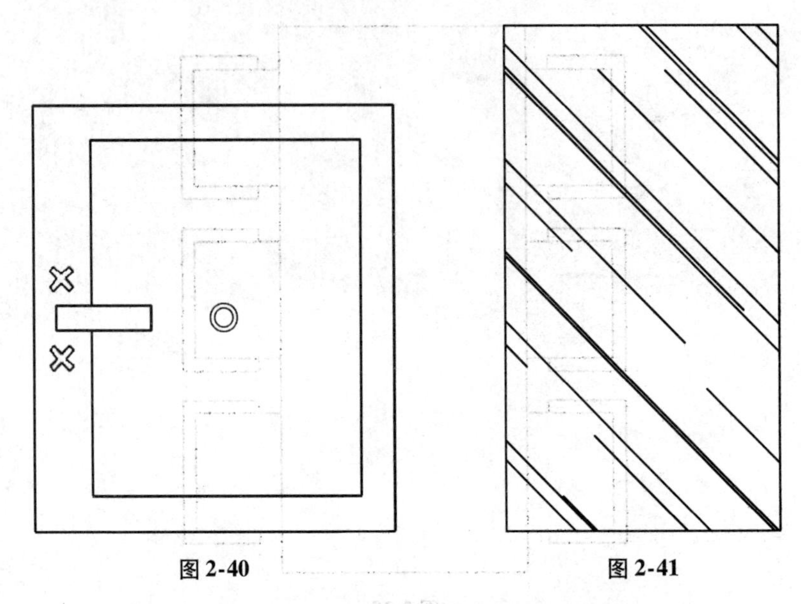

图 2-40　　图 2-41

【习题 2-42】 使用“矩形”命令绘制如图 2-42 所示的麻将桌。

【习题 2-43】 使用“矩形”命令绘制如图 2-43 所示的组合沙发。

【习题 2-44】 使用“矩形”命令绘制如图 2-44 所示的电视机。

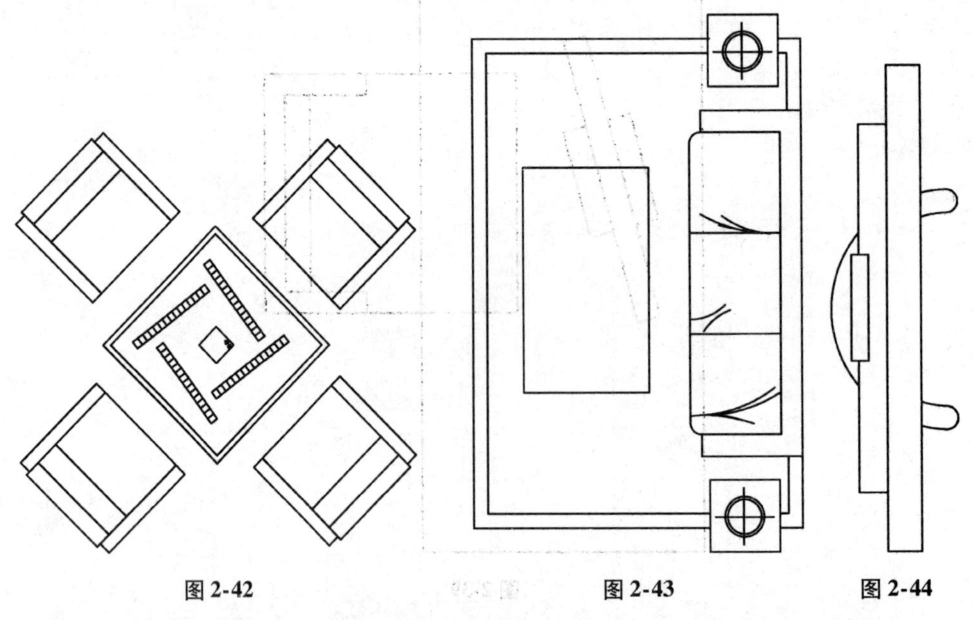

图 2-42　　图 2-43　　图 2-44

【习题 2-45】 使用“矩形”命令绘制如图 2-45 所示的图形。

【习题 2-46】 使用“矩形”命令和“CIRCLE”命令绘制如图 2-46 所示的图形。

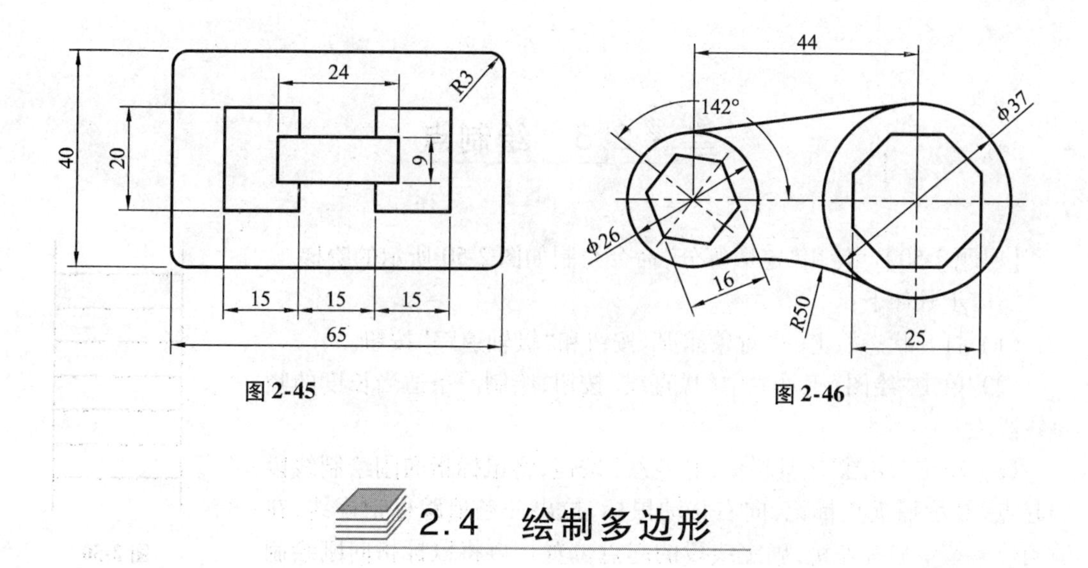

图 2-45　　　　图 2-46

2.4 绘制多边形

【习题 2-47】 使用“正多边形”命令绘制如图 2-47 所示的八角凳，再利用“偏移”命令绘制八角凳的内轮廓。

操作步骤如下：

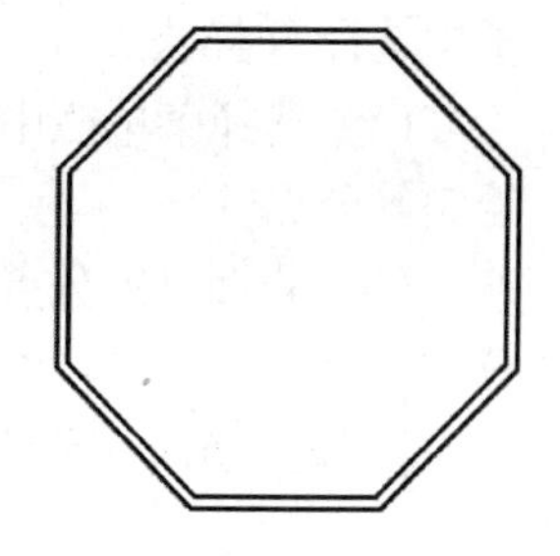

图 2-47

单击绘图工具中的“正多边形”按钮，绘制八角凳。在命令行提示“输入侧面图 <8 >:”后输入“8”。在命令行提示“指定正多边形的中心点或【边(E)】:”后输入“0,0”。在命令行提示“输入选项【内接于圆(I)/外切于圆(C) <I>：】”后输入“C”。在命令行提示“指定圆的半径:”后输入“100”。

用一样的方法绘制另一个中心点在(0,0)的正多边形，其内切圆半径为 95。

【习题 2-48】 使用“多边形”命令和“圆”命令绘制如图 2-48 所示的图形。

【习题 2-49】 使用“直线”命令和“结构线”命令绘制如图 2-49 所示的图形。

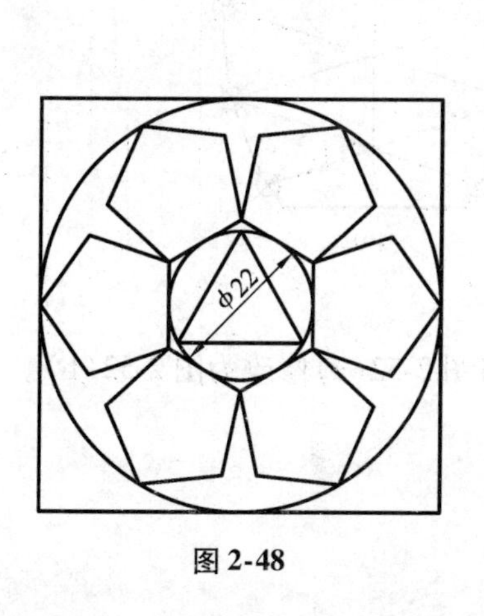

图 2-48

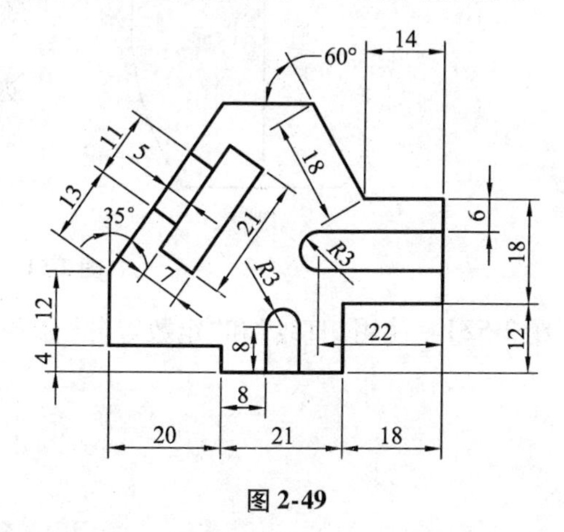

图 2-49

2.5 绘制点

【习题 2-50】 使用“定数等分”命令绘制如图 2-50 所示的阶梯。

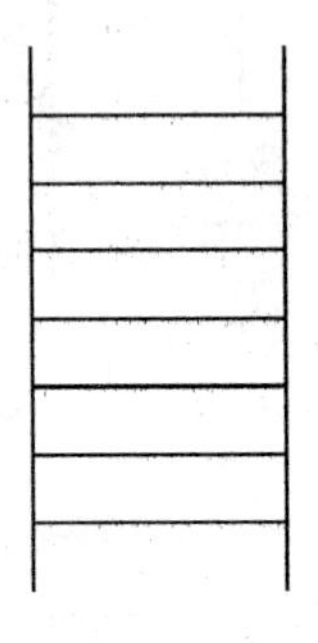

图 2-50

操作步骤如下：

(1) 打开状态栏上的“对象捕捉”按钮和“极轴追踪”按钮。

(2) 单击“绘图”工具栏中的“直线”按钮，绘制一条适当长度的竖直线段。

(3) 单击“绘图”工具栏中的“直线”按钮，将鼠标指向刚绘制线段的起点，显示捕捉点标记，向右移动鼠标，拉出一条追踪标记虚线，在适当位置按下鼠标左键，确定线段的起点位置。再将鼠标指向刚绘制线段的终点，同样显示捕捉点标记，向右移动鼠标，拉出一条追踪标记虚线，在适当位置按下鼠标左键，确定线段的终点位置。

(4) 设置点样式。选择菜单栏中的“格式”→“点样式”命令，在打开的“点样式”对话框子中选择 X 样式。

(5) 选择菜单栏中的“绘图”→“点”→“定点等分”命令，以左边线段为对象，数目为 8，绘制等分点。

(6) 分别以等分点为起点，捕捉右边直线上的垂足为终点绘制水平线段，删除绘制等分点。

【习题 2-51】 使用“直线”和“等距点”命令将图 2-51(a)修改为图 2-51(b)。

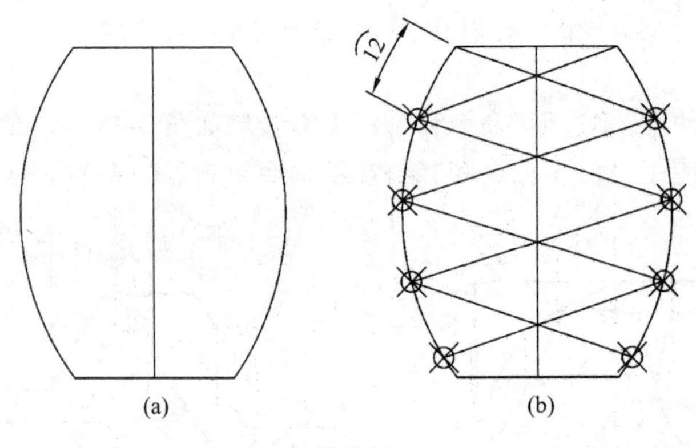

图 2-51

【习题 2-52】 使用“直线”和“定数等分”命令将图 2-52(a)修改为图 2-52(b)。

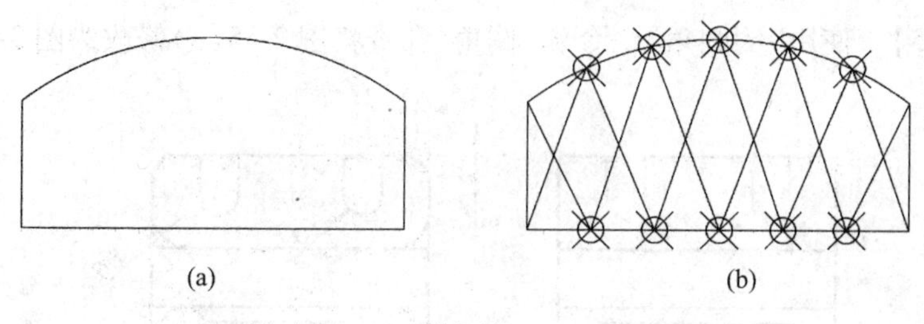

图 2-52

【习题 2-53】 使用“直线”“创建二维填充多边形”和“定数等分”命令绘制如图 2-53 所示的图形。

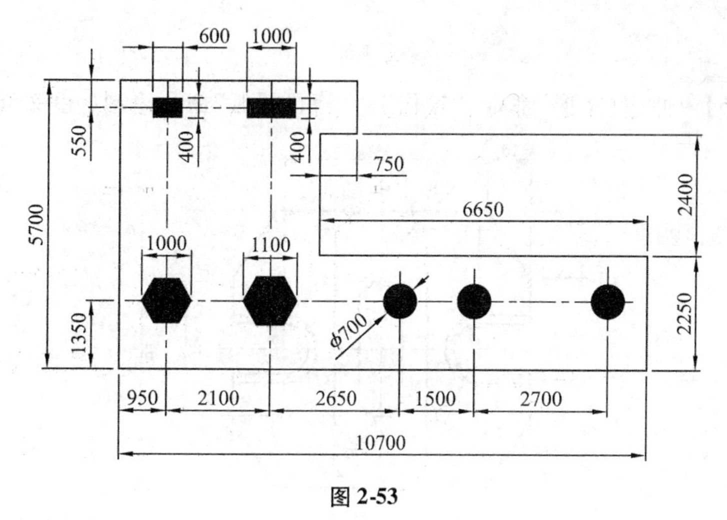

图 2-53

【习题 2-54】 使用“矩形”命令和“镜像”命令绘制如图 2-54 所示的图形。

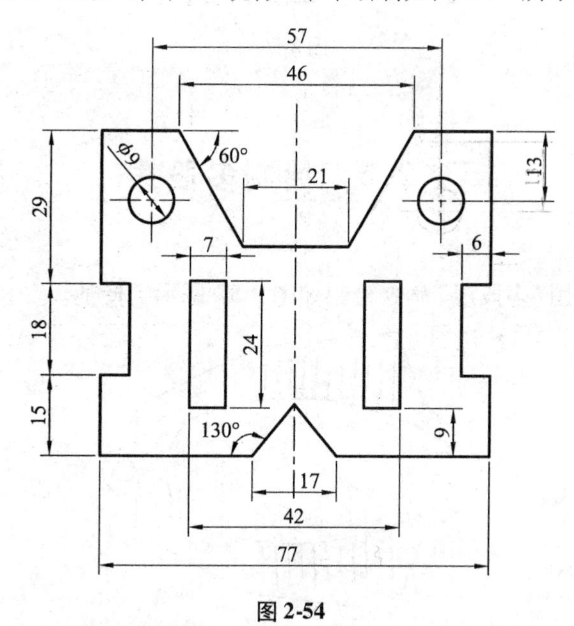

图 2-54

【习题 2-55】 使用“倒圆角”命令和“倒角”命令将图 2-55(a)修改为图 2-55(b)。

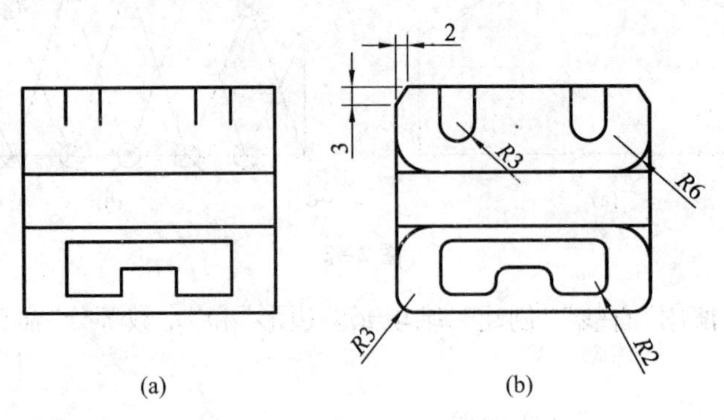

图 2-55

【习题 2-56】 使用“矩形”命令、“镜像”命令和“圆弧”命令绘制如图 2-56 所示的图形。

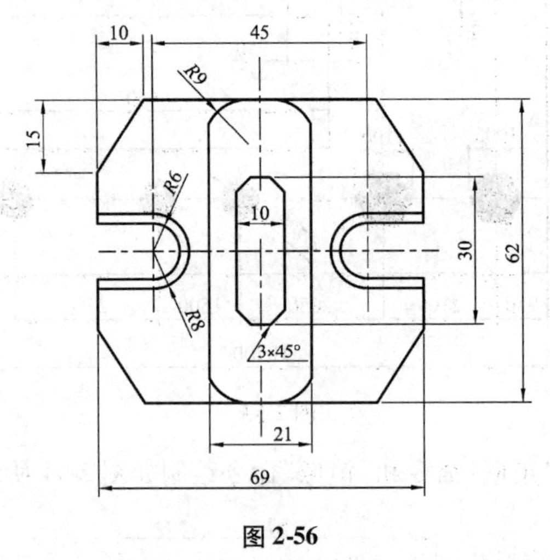

图 2-56

2.6 绘制多段线

【习题 2-57】 使用“多段线”命令绘制如图 2-57 所示的便池。

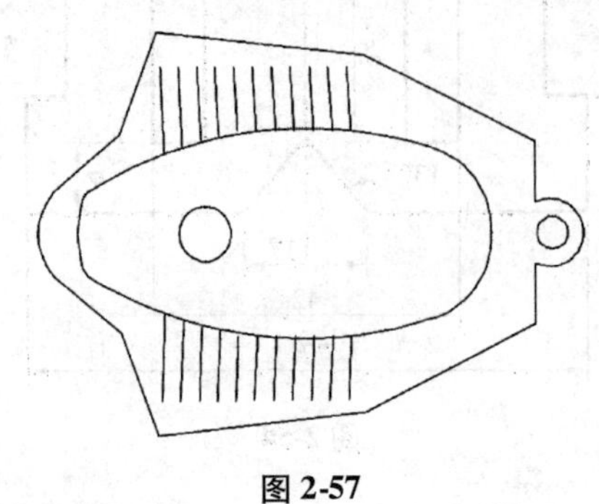

图 2-57

【习题 2-58】 设置系统变量 SKPOLY 为 1，再使用徒手绘制命令将图 2-58(a)修改为图 2-59(b)。

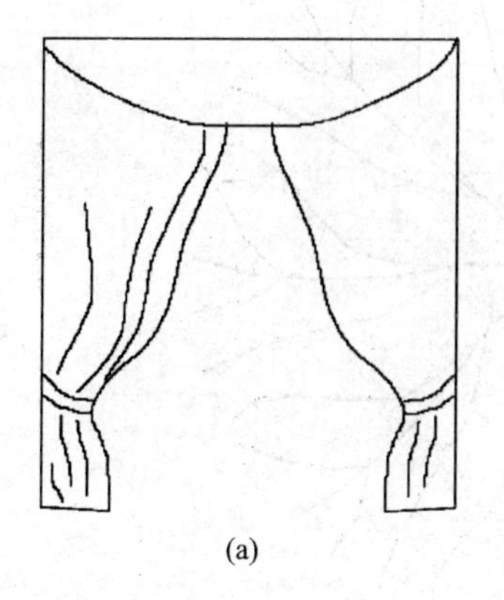
(a)

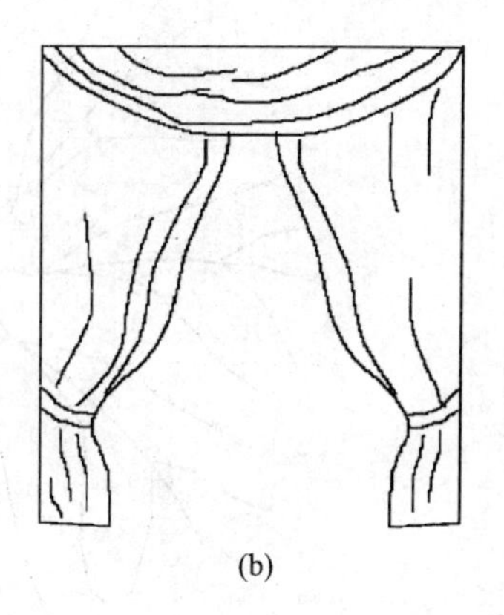
(b)

图 2-58

2.7 绘制样条曲线

【习题 2-59】 使用“样条曲线”命令绘制如图 2-59 所示的桃花瓣。

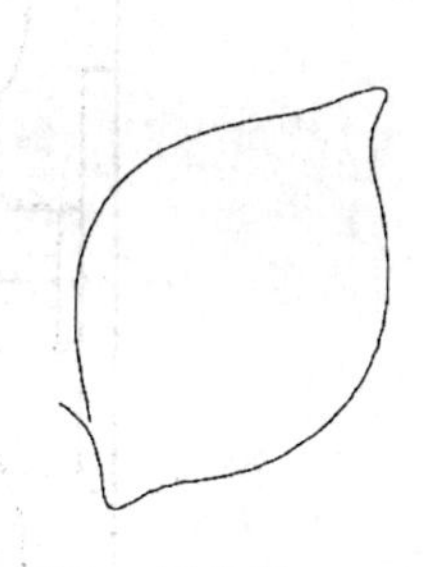
图 2-59

操作步骤如下：

(1) 单击“绘图”工具栏中的“样条曲线”按钮，绘制桃花瓣。在命令行提示“指定第一个点或【方式(M)/节点(K)对象(O)】:”后指定一个点。

(2) 在命令行提示“输入下一个点或【起点切向(T)/公差(L)】:”后适当指定下一个点。

(3) 在命令行提示“输入下一个点或【端点相切(T)/公差(L)/放弃(U)】:”后适当指定下一个点。

(4) 在命令行提示“输入下一个点或【端点相切(T)/公差(L)/放弃(U)/闭合(C)】:”后适当指定下一个点。

(5) 在命令行提示“输入下一个点或【端点相切(T)/公差(L)/放弃(U)/闭合(C)】:”后按回车。

【习题 2-60】 使用“样条曲线”命令绘制如图 2-60 所示的绿色植物。

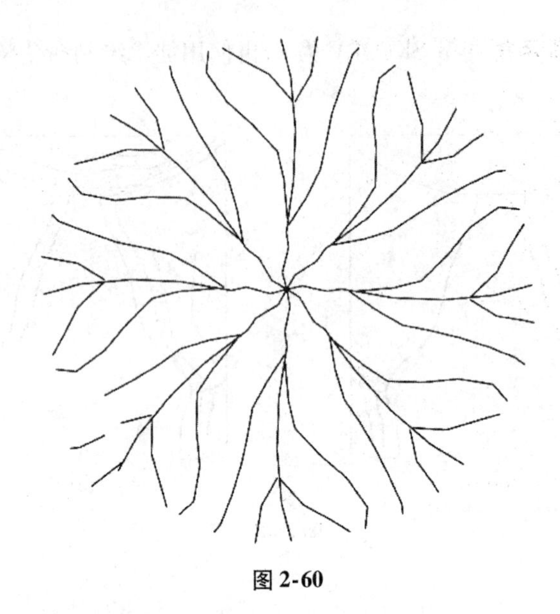

图 2-60

【习题 2-61】 使用“样条曲线”和“二维填充”命令将图 2-61(a)修改为图 2-61(b)。

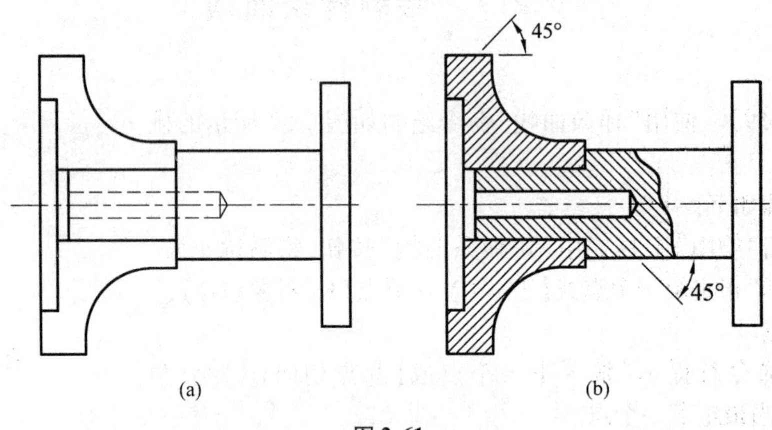

图 2-61

2.8 绘制多线

【习题 2-62】 使用“多线”命令绘制如图 2-62 所示的墙体。

操作步骤如下:

(1) 单击“绘图”工具栏中的“构造线”按钮,绘制出一条水平构造线和一条竖直构线,组成“十”形辅助线。

(2) 用相同的方法,将绘制得到的水平构造线依次向上偏移 4200、5100、1800 和 3000,偏移得到水平构造线。重复“偏移”命令,将垂直构造线依次向右偏移 3900、1800、2100 和 4500。

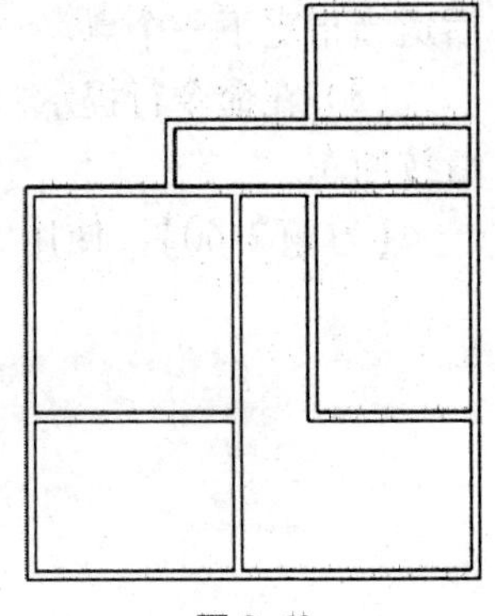

图 2-62

（3）选择菜单栏中的“格式”→“多线样式”命令，系统打开“多线样式”对话框，单击“新建”按钮，系统打开“创建新的多线样式”对话框，在“新样式名”文本框中输入“墙体线条”，单击“继续”按钮。

【习题 2-63】　使用“多线”命令绘制如图 2-63 所示的茶楼墙体。

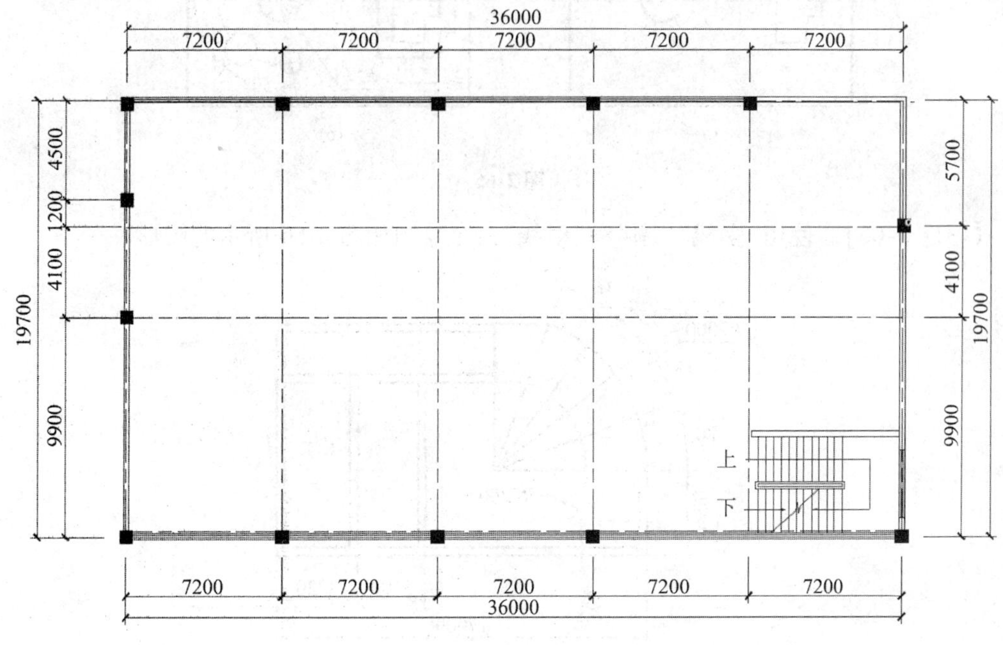

图 2-63

【习题 2-64】　使用“多线”命令和“多线编辑”命令将图 2-64（a）图修改为图 2-64（b）。

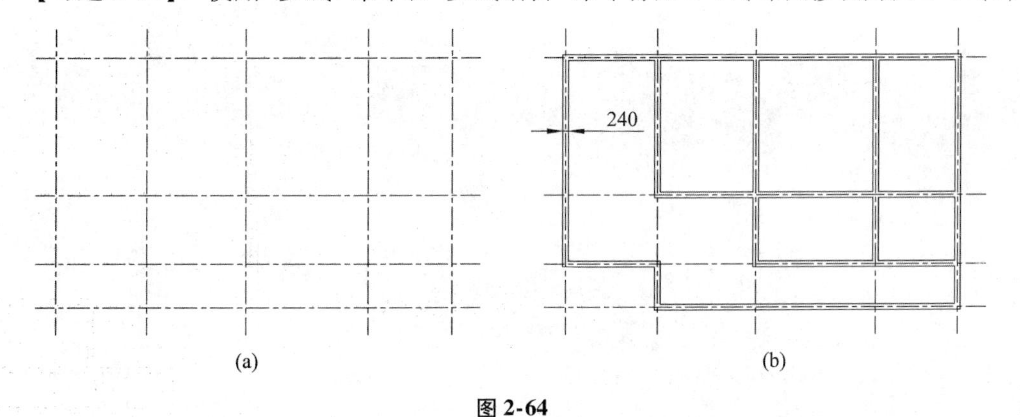

图 2-64

【习题 2-65】　使用“多段线”“偏移”“多段线编辑”“圆”和“射线”命令将图 2-65（a）修改为图 2-65（b）。

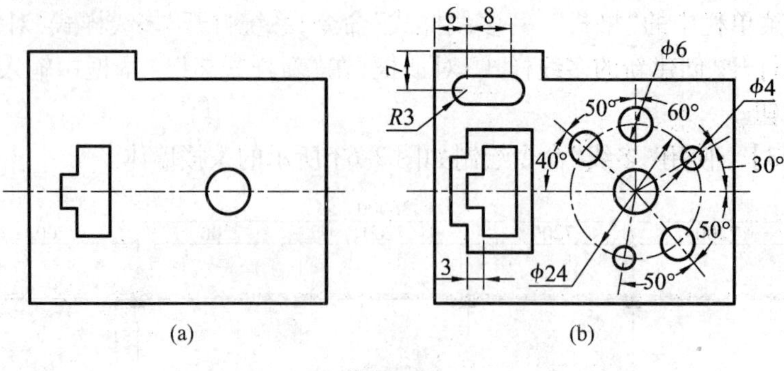

图 2-65

【习题 2-66】 使用“多线”“圆”和“射线”命令绘制如图 2-66 所示的图形。

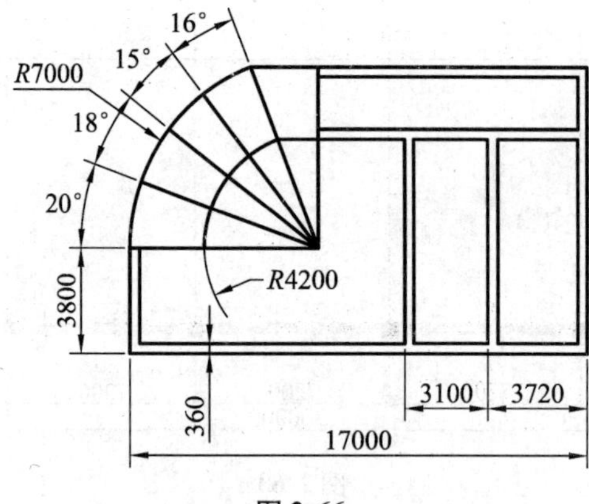

图 2-66

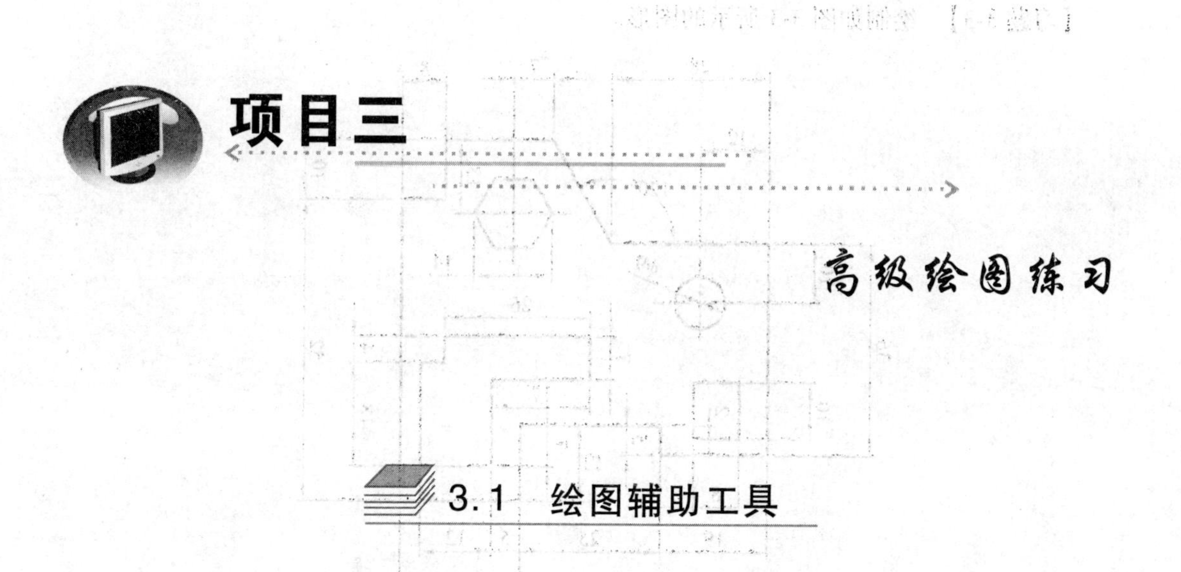

项目三 高级绘图练习

3.1 绘图辅助工具

【习题 3-1】 启动 AutoCAD 软件,在“路灯杆. dwg”文件的模型空间中参照图 3-1 中的图形进行绘制。

操作步骤如下:

(1) 单击绘图工具中的“直线”按钮,绘制标高符号图形。

(2) 在命令行提示“指定第一点”后输入“100,100”。

(3) 在命令行提示“指定下一个点”后输入“@ 40, < -135”。

(4) 在命令行提示“指定下一个点”后输入“@ 40, < -135”。

(5) 在命令行提示“指定下一个点”后输入“@ 180,0”。

(6) 在命令行提示“指定下一个点”后按回车结束命令。

图 3-1

【习题 3-2】 使用“移动”命令和“镜像”命令将图 3-2(a)修改为图 3-2(b)。

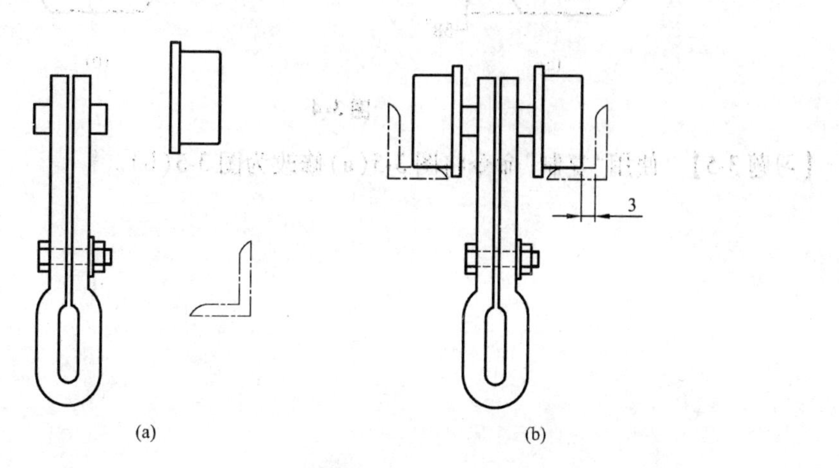

图 3-2

【习题 3-3】 绘制如图 3-3 所示的图形。

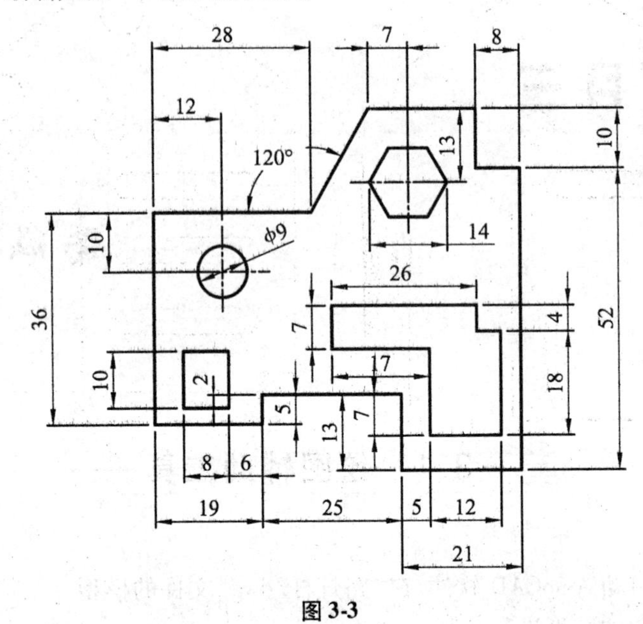

图 3-3

【习题 3-4】 使用“移动”命令通过输入位移值将图 3-4(a)修改为图 3-4(b)。

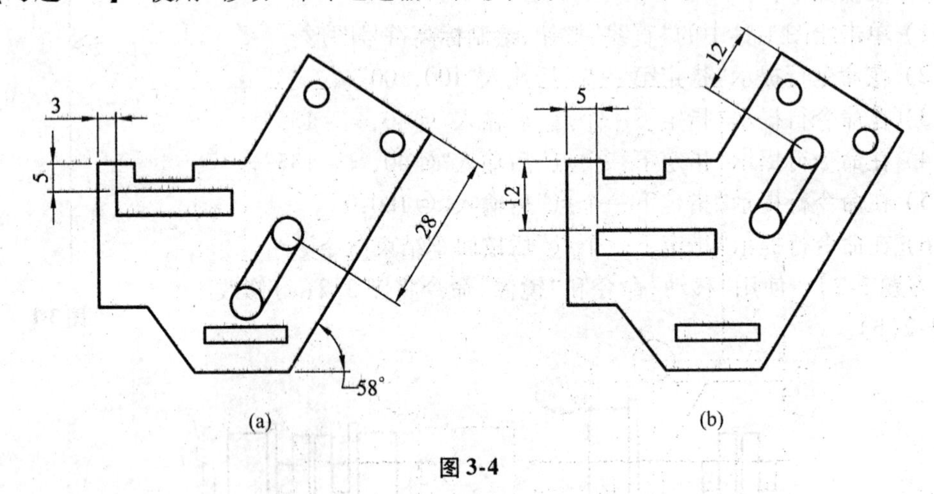

图 3-4

【习题 3-5】 使用“复制”命令将图 3-5(a)修改为图 3-5(b)。

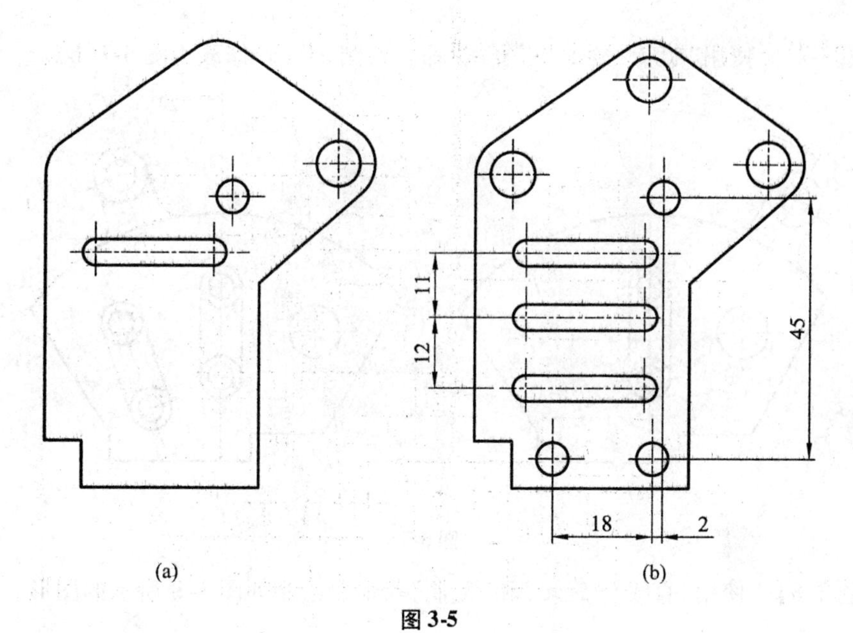

图 3-5

【习题 3-6】　使用“复制”命令绘制如图 3-6 所示的图形。

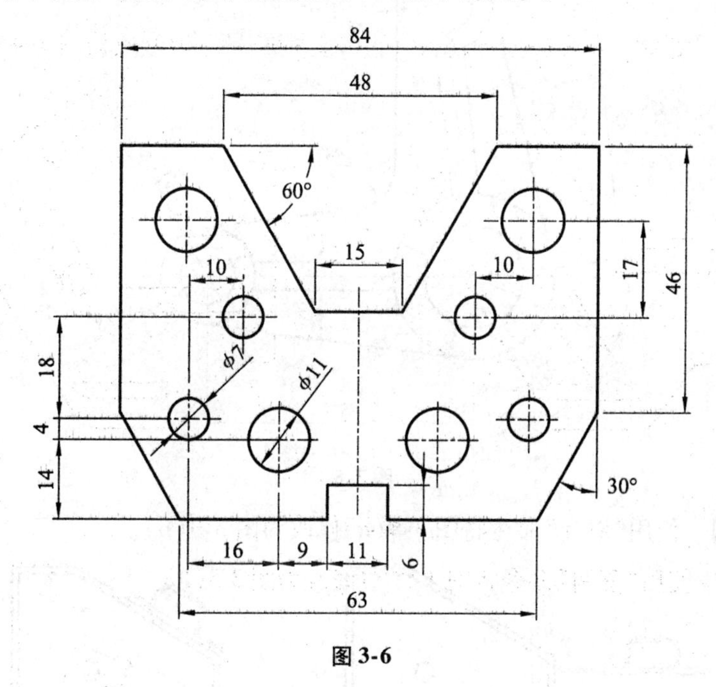

图 3-6

【习题 3-7】 使用“旋转”命令和“复制”命令将图 3-7(a)修改为图 3-7(b)。

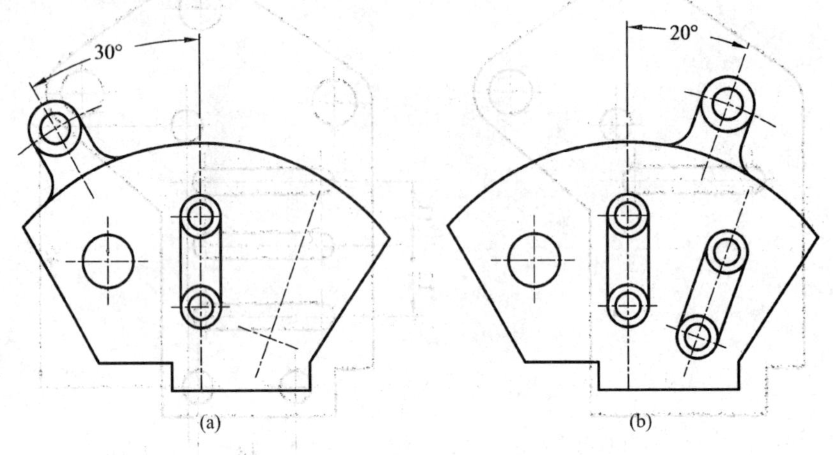

图 3-7

【习题 3-8】 使用“直线”“旋转”和“复制”等命令绘制如图 3-8 所示的图形。

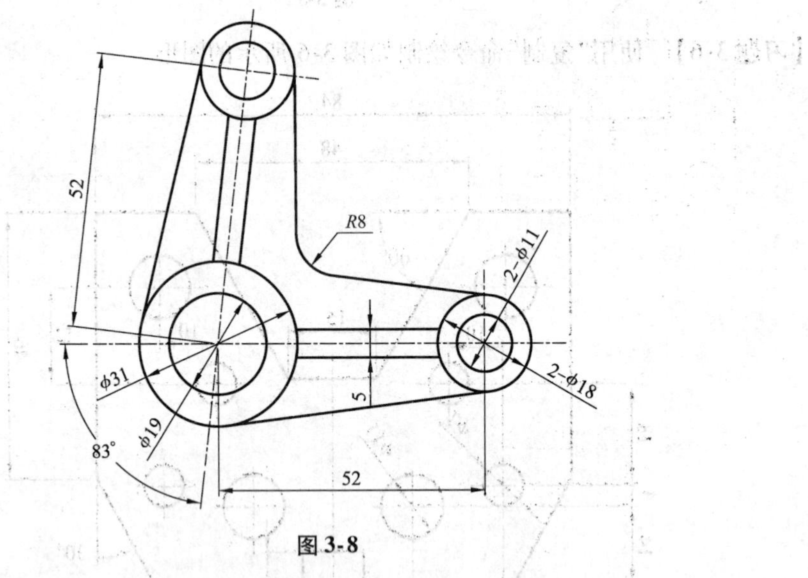

图 3-8

【习题 3-9】 使用“对齐”命令将图 3-9(a)修改为图 3-9(b)。

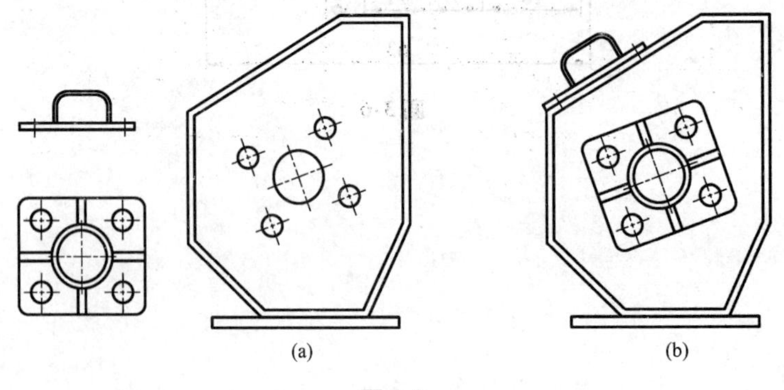

图 3-9

【习题 3-10】 绘制如图 3-10 所示的图形。

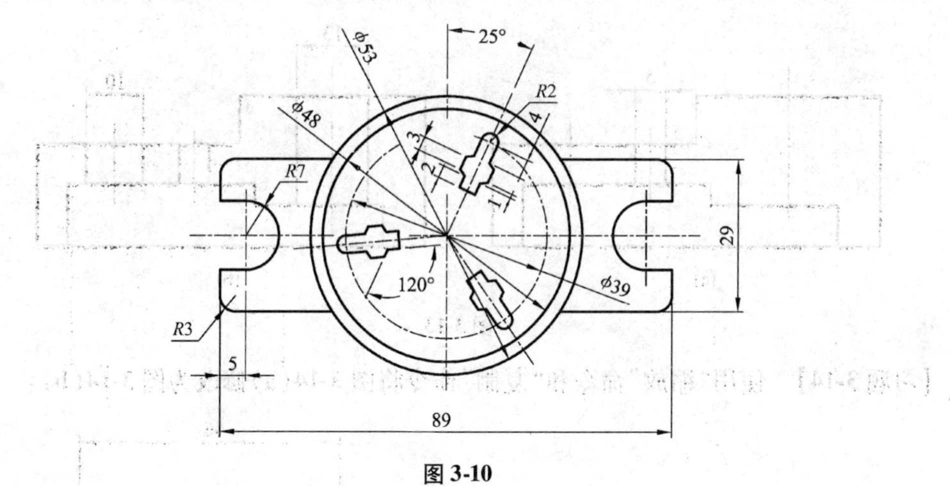

图 3-10

【习题 3-11】 使用“拉伸”命令将图 3-11(a)修改为图 3-11(b)。

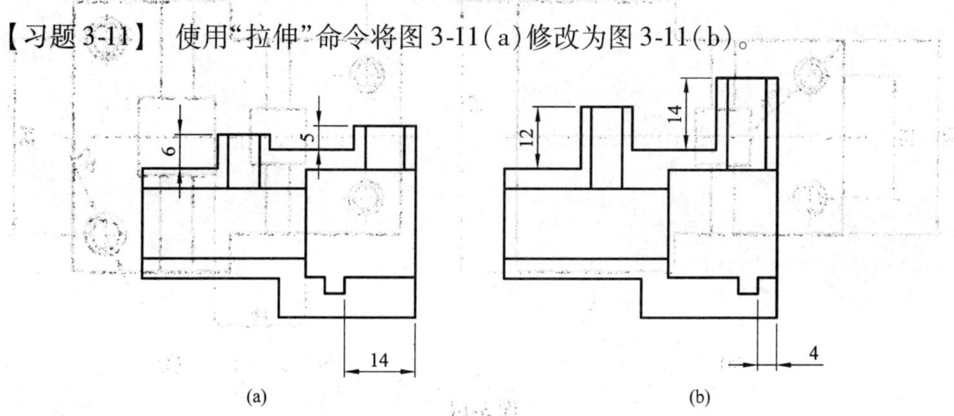

图 3-11

【习题 3-12】 绘制如图 3-12 所示的图形。

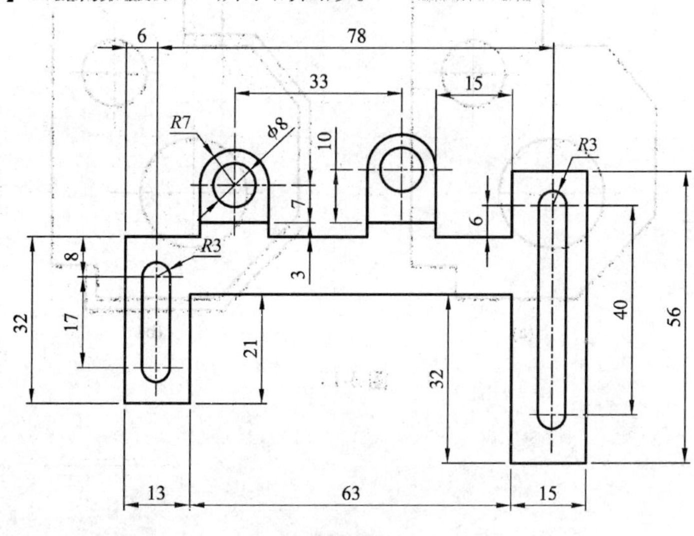

图 3-12

【习题 3-13】 使用“缩放”命令和“复制”命令将图 3-13(a)修改为图 3-13(b)。

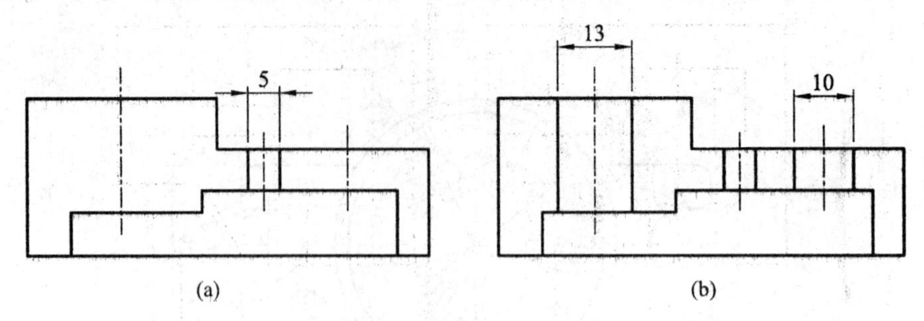

图 3-13

【习题 3-14】 使用“缩放”命令和“复制”命令将图 3-14(a)修改为图 3-14(b)。

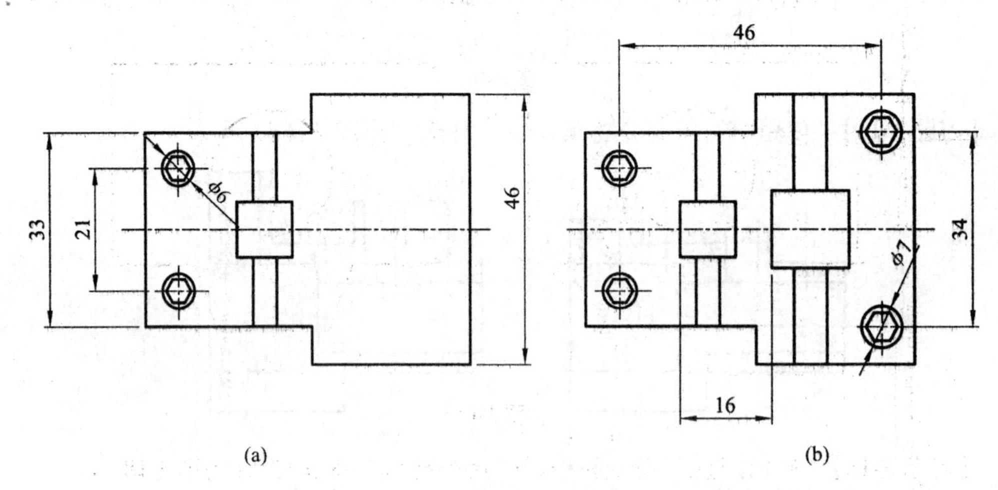

图 3-14

【习题 3-15】 使用“偏移”命令和“延伸”命令将图 3-15(a)修改为图 3-15(b)。

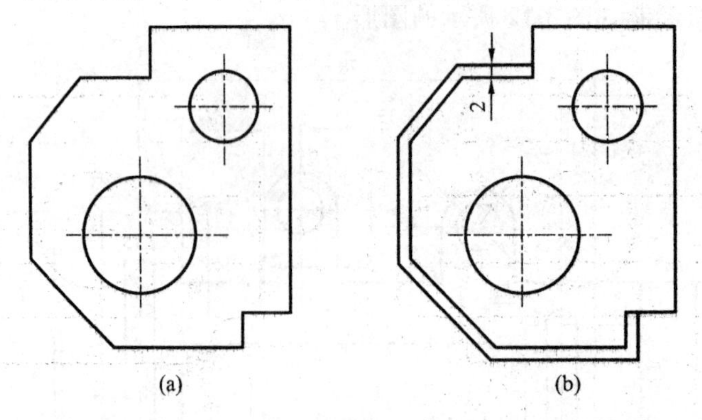

图 3-15

【习题3-16】　使用“打断”命令和“未知”命令将图3-16(a)修改为图3-16(b)。

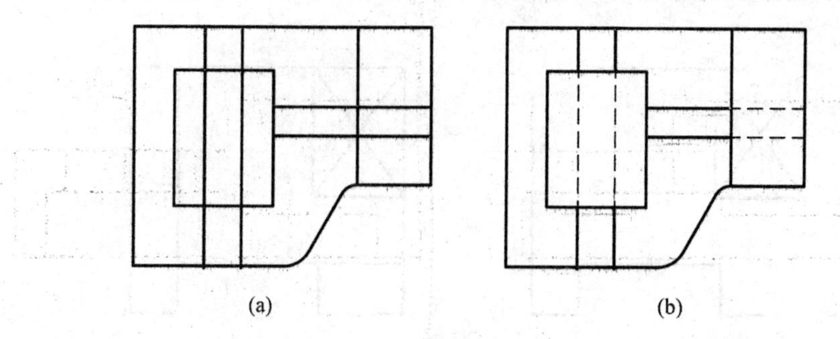

图3-16

【习题3-17】　使用“倒角”命令将图3-17(a)修改为图3-17(b)。

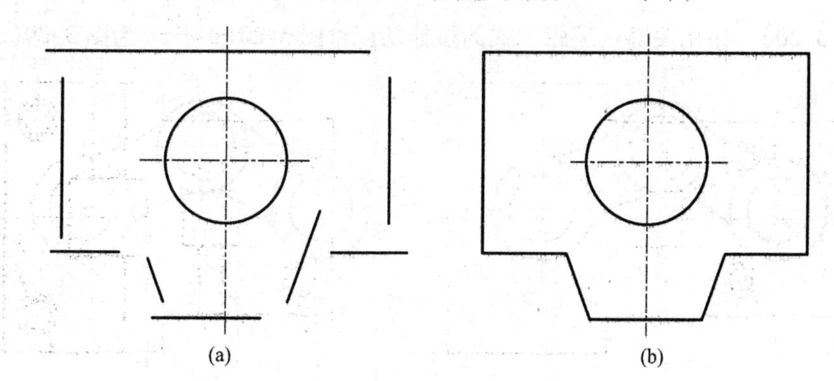

图3-17

【习题3-18】　使用“打断”命令和“未知”命令将图3-18(a)修改为图3-18(b)。

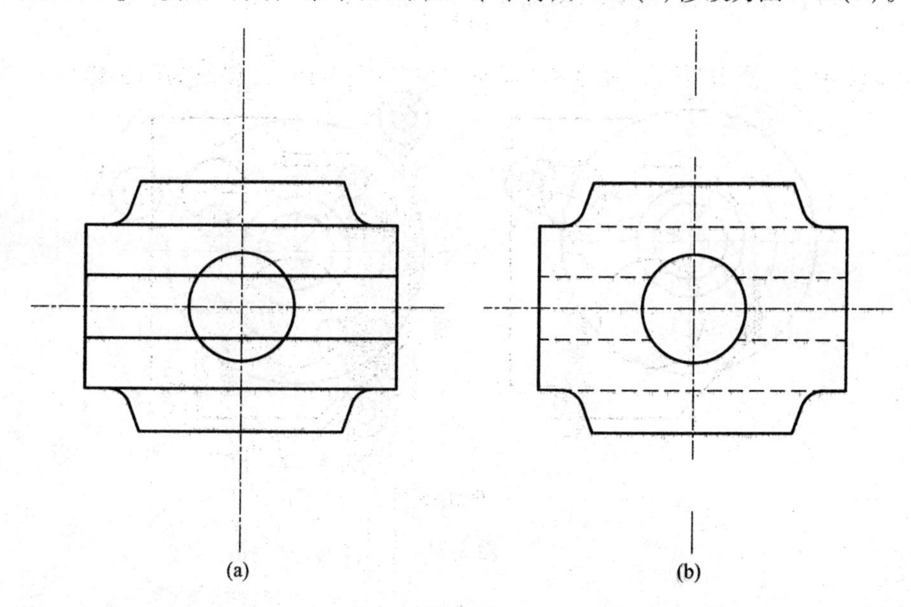

图3-18

【习题 3-19】 使用关键点编辑方式的拉伸功能将图 3-19(a)修改为图 3-19(b)。

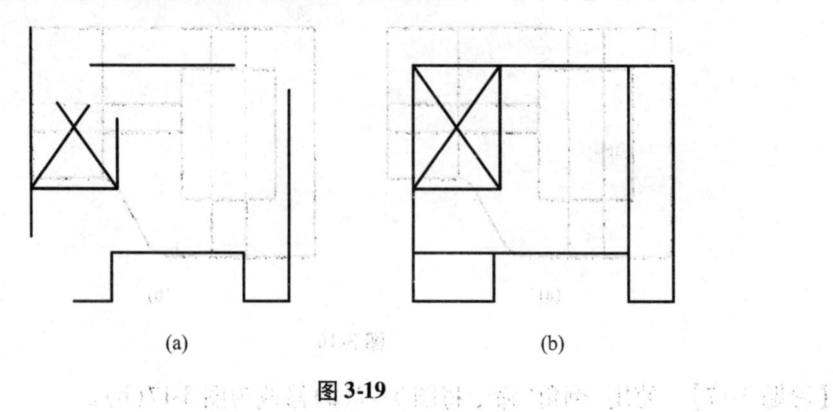

图 3-19

【习题 3-20】 使用关键点编辑方式的拉伸功能将图 3-20(a)修改为图 3-20(b)。

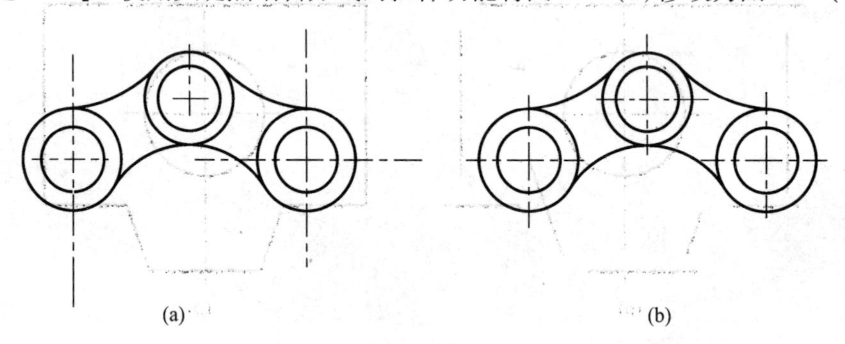

图 3-20

【习题 3-21】 使用关键点编辑方式的旋转功能将图 3-21(a)修改为图 3-21(b)。

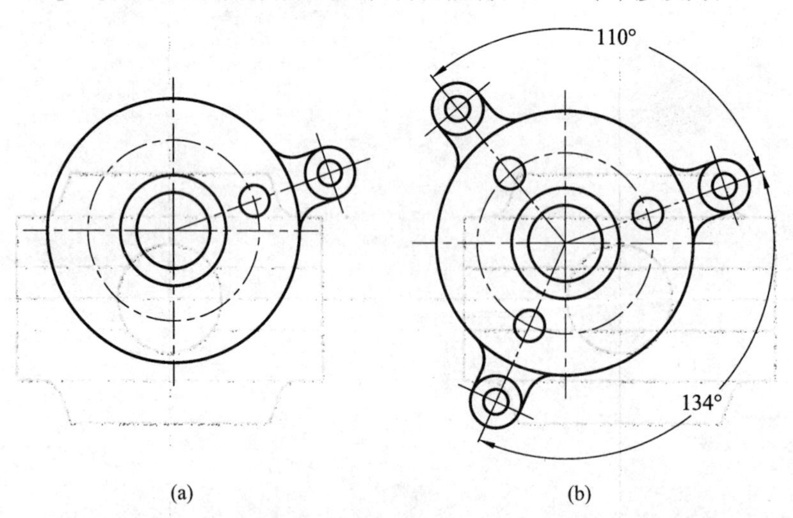

图 3-21

【习题3-22】　使用关键点编辑方式的镜像和复制功能将图3-22(a)修改为图3-22(b)。

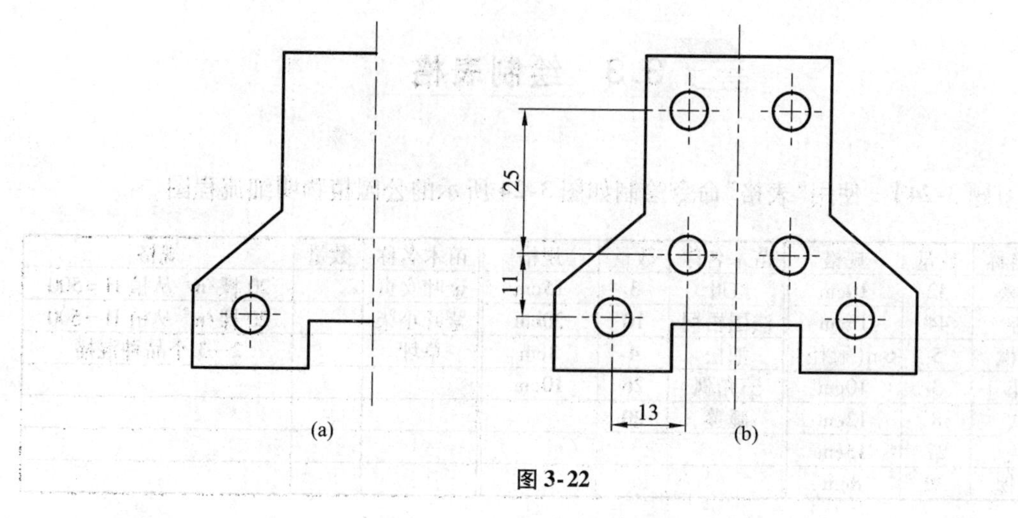

图3-22

3.2　绘制文字

【习题3-23】　使用多行文字绘制如图3-23所示的标准道路断面图说明文字。

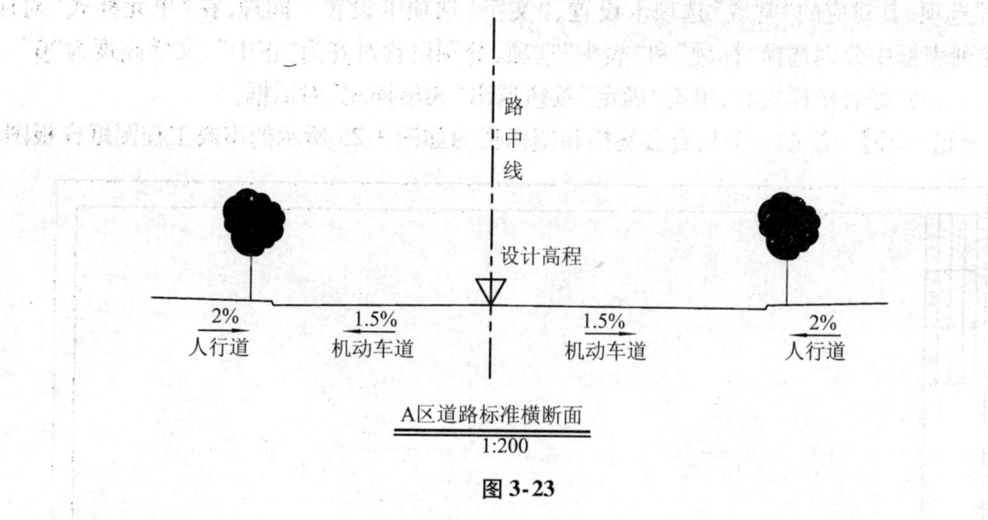

图3-23

操作步骤如下：

(1) 设置图层，单击“图层”工具栏中的“图层特性管理器”按钮，新建一个文字图层。

(2) 设置文字样式，单击“文字”工具栏中“文字样式”按钮，进入“文字样式”对话框，设置字体为“仿宋－GB2312”，宽度因子为“0.8”。

(3) 绘制高程符号，把“尺寸线”图层设计为当前图层。单击“绘图”工具栏中的“多边形”按钮，在平面上绘制一个封闭的倒立正三角形ABC。

3.3 绘制表格

【习题 3-24】 使用“表格”命令绘制如图 3-24 所示的公园植物明细流程图。

苗木名称	数量	规格	苗木名称	数量	规格	苗木名称	数量	规格
落叶松	32	10cm	红叶	3	15cm	金叶女贞		20 棵/m^2 丛植 H = 500
银杏	44	15cm	法国梧桐	10	20cm	紫叶小柒		20 棵/m^2 丛植 H = 500
元宝枫	5	6m(冠径)	油松	4	8cm	草坪		2—3 个品种混播
樱花	3	10cm	三角枫	26	10cm			
合欢	8	12cm	睡莲	20				
玉兰	27	15cm						
龙爪槐	30	8cm						

图 3-24

操作步骤如下:

(1) 选择菜单栏中的“格式”→“表格样式”命令,系统打开“表格样式”对话框。

(2) 单击“新建”按钮,系统打开“创建新的表格样式”对话框,输入新的表格名称后,单击“继续”按钮,系统打开“新建表格样式”对话框,在“单元样式”对应的下拉列表框中选择“数据”选项,其对应的“常规”选项卡设置、“文字”选项卡设置。同理,在“单元样式”对应的下拉列表框中分别选择“标题”和“表头”选项,分别设置对齐为“正中”,文字高度为“6”。

(3) 创建好表格样式后,单击“确定”按钮退出“表格样式”对话框。

【习题 3-25】 绘制一个具有会签栏和图标栏的如图 3-25 所示的市政工程图纸样板图。

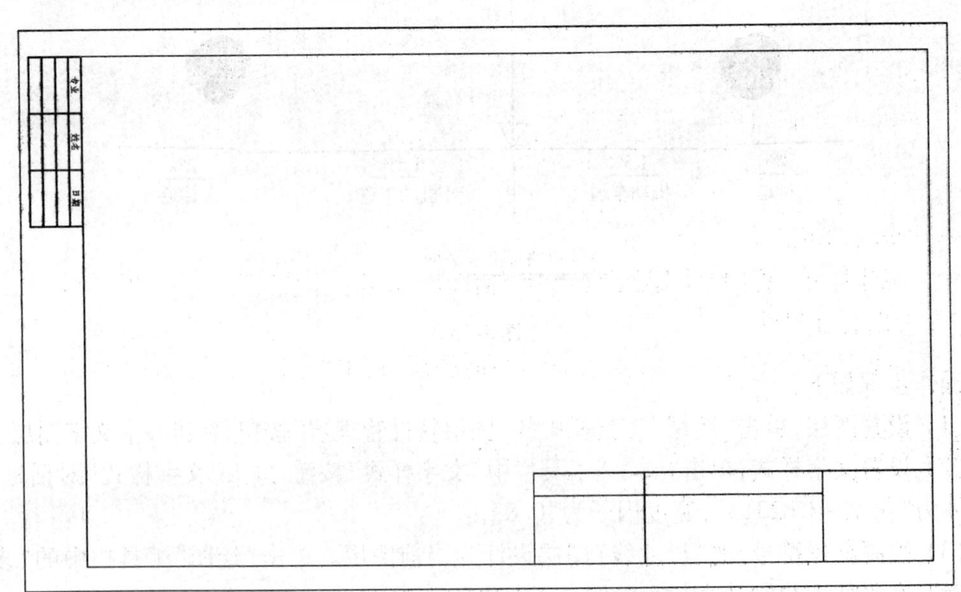

图 3-25

3.4 绘制尺寸标注

【习题 3-26】 使用“直线”命令绘制桥边墩轮廓定位中心线,使用“直线”“多段线”命令绘制桥边墩轮廓线,使用“线性”和“连续”命令标注尺寸,使用“多行文字”命令标注文字,完成如图 3-26 所示的桥边墩轮廓线。

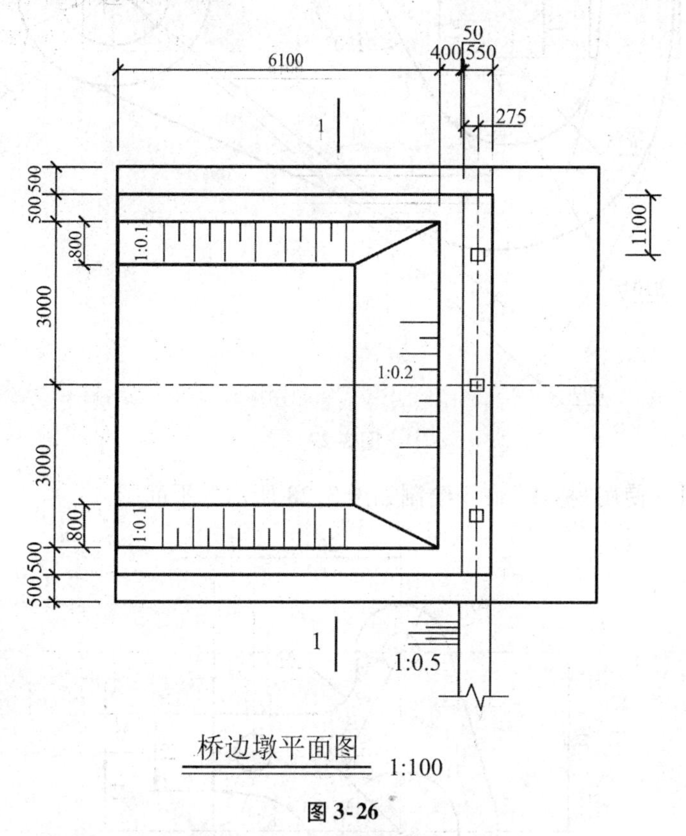

图 3-26

操作步骤如下:

(1) 标注尺寸:将“尺寸”图层设置为当前图层,单击“标注”工具栏中的“线性”按钮和“连续”按钮,标注尺寸。

(2) 标注文字:将“文字”图层设置为当前图层,单击“绘图”工具栏中的“多行文字”按钮。

【习题 3-27】 使用“标注”命令绘制如图 3-27 所示的平面图。

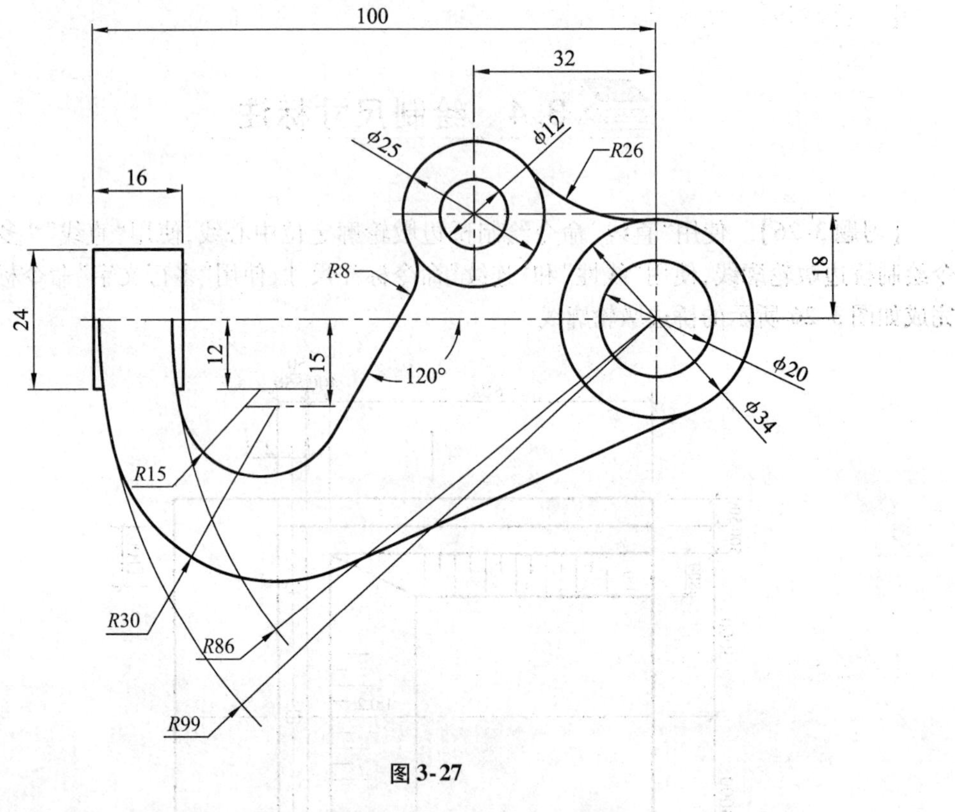

图 3-27

【习题 3-28】 使用“标注”命令绘制如图 3-28 所示的平面图。

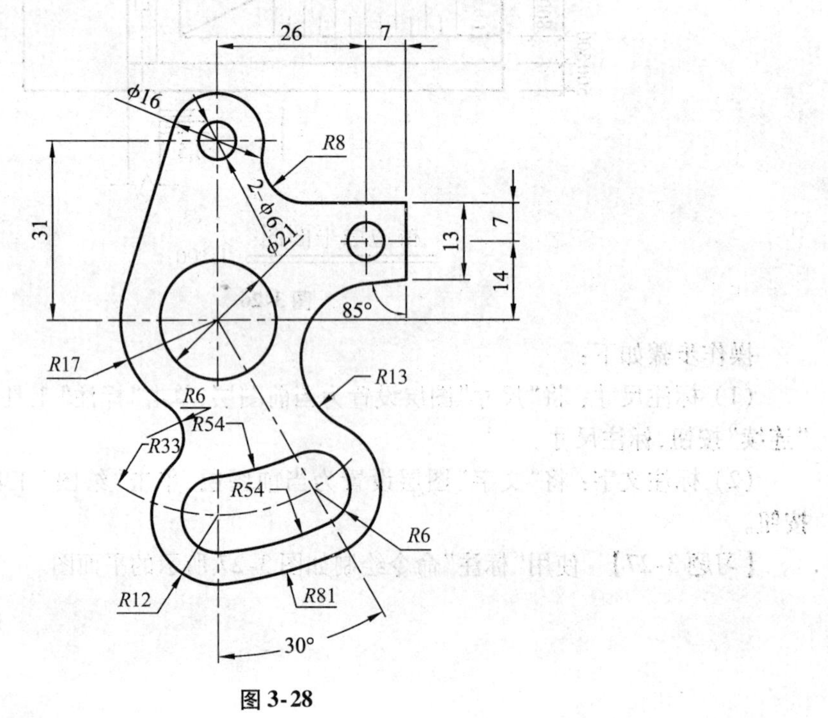

图 3-28

【习题 3-29】 使用“标注”命令绘制如图 3-29 所示的平面图。

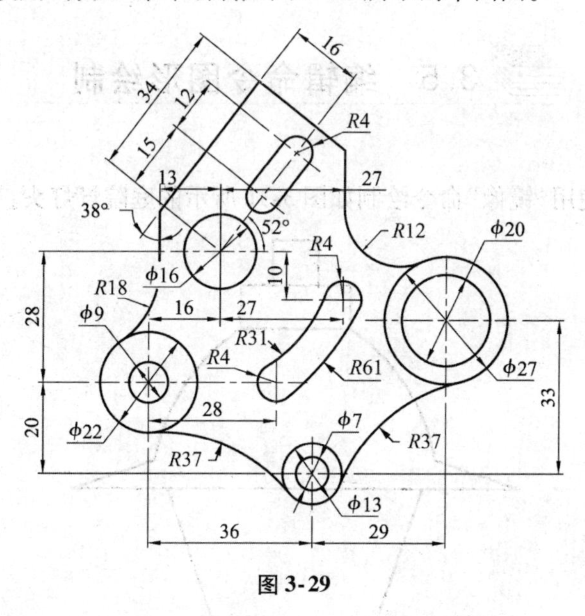

图 3-29

【习题 3-30】 使用“标注”命令绘制如图 3-30 所示的平面图。

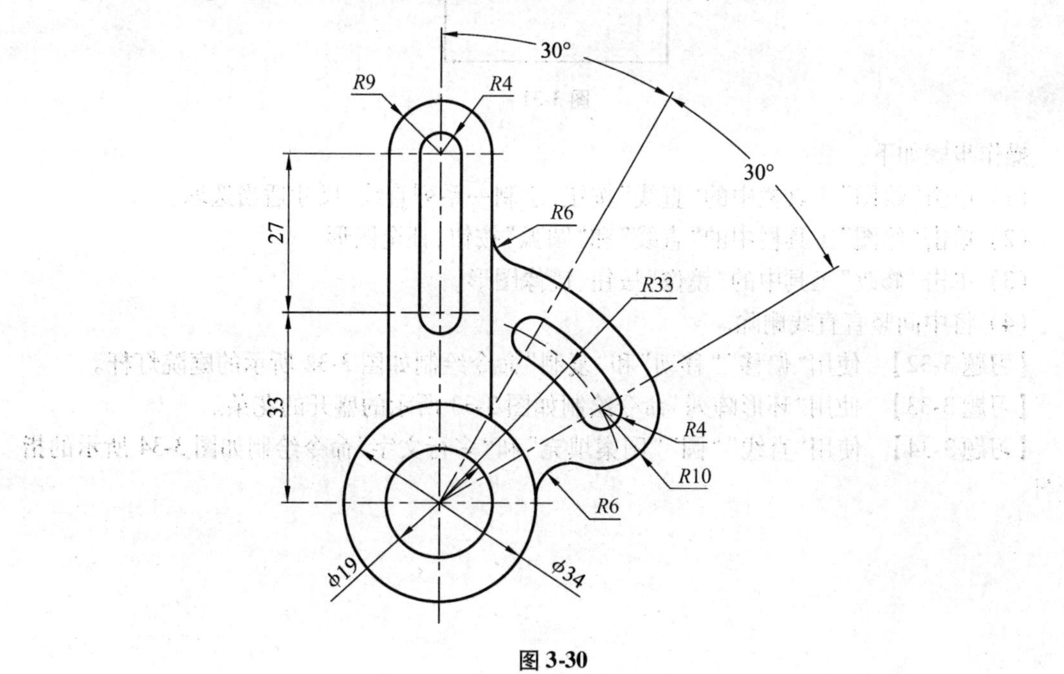

图 3-30

3.5 编辑命令图形绘制

【习题3-31】 使用“镜像”命令绘制如图3-31所示的庭院灯灯头。

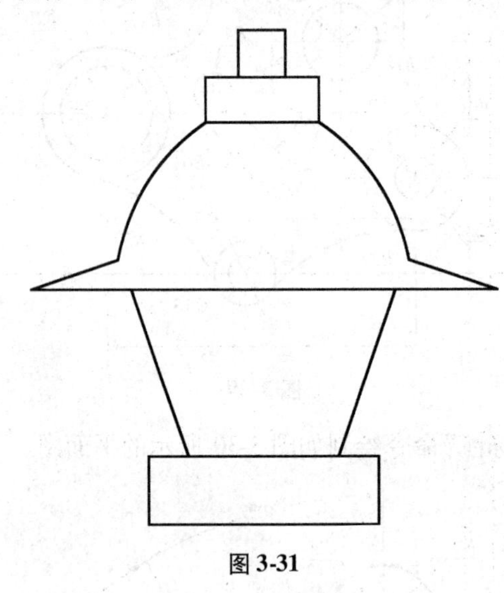

图3-31

操作步骤如下：

(1) 单击“绘图”工具栏中的“直线”按钮，绘制一系列直线，尺寸适当选取。

(2) 单击“绘图”工具栏中的“直线”和“圆弧”按钮，补全图形。

(3) 单击“修改”工具中的“镜像”按钮，镜像图形。

(4) 将中间竖直直线删除。

【习题3-32】 使用“偏移”“移动”和“复制”命令绘制如图3-32所示的庭院灯杆。

【习题3-33】 使用“环形阵列”命令绘制如图3-33所示的盛开的花朵。

【习题3-34】 使用“直线”“圆”“图案填充”和“多行文字”命令绘制如图3-34所示的指北针。

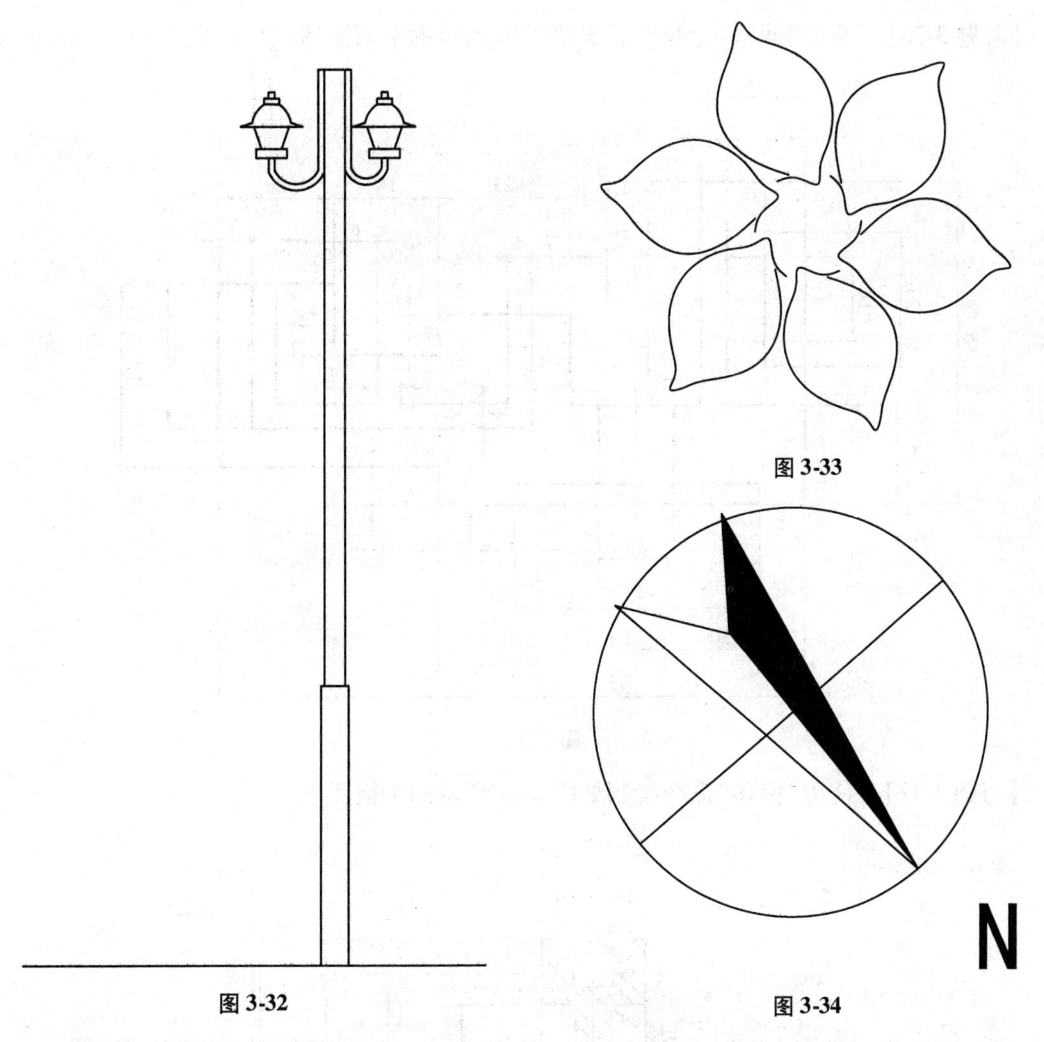

图 3-32

图 3-33

图 3-34

【习题 3-35】　使用“修剪”命令绘制如图 3-35 所示的梅花花朵。

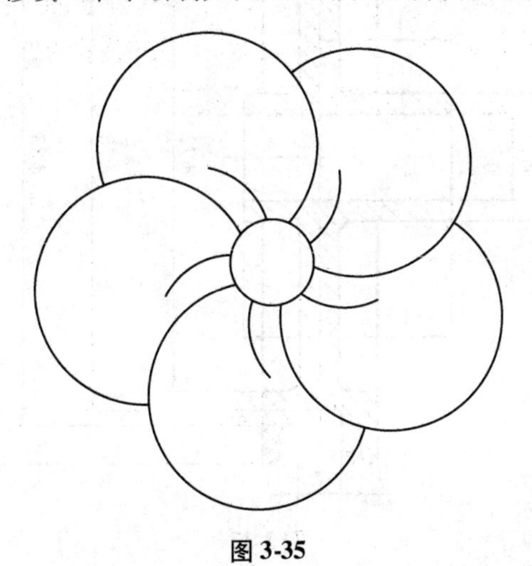

图 3-35

【习题 3-36】 使用“偏移”命令绘制如图 3-36 所示的平面图形。

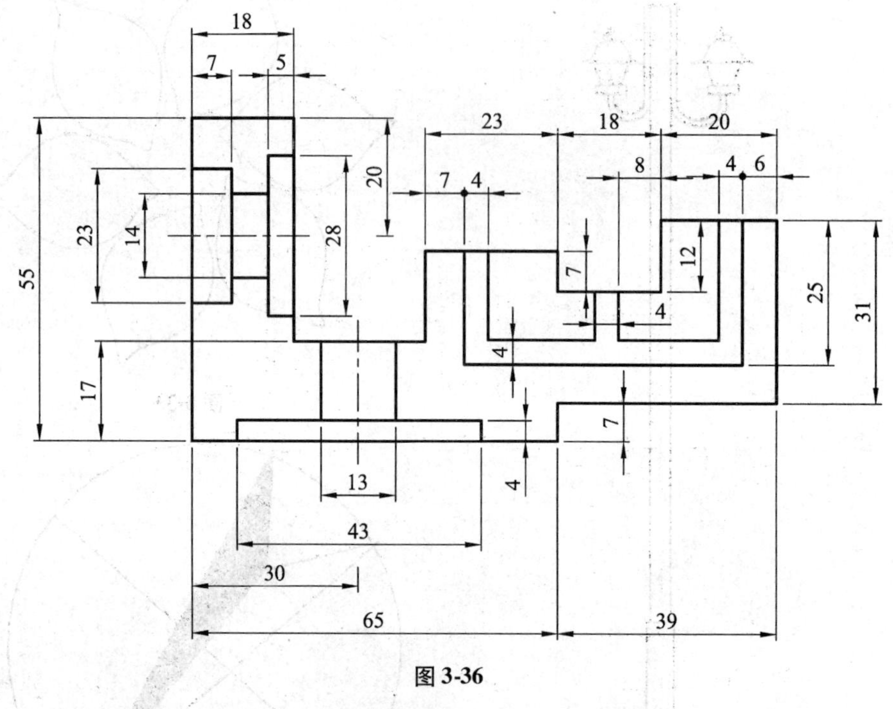

图 3-36

【习题 3-37】 使用“偏移”命令绘制如图 3-37 所示的平面图形。

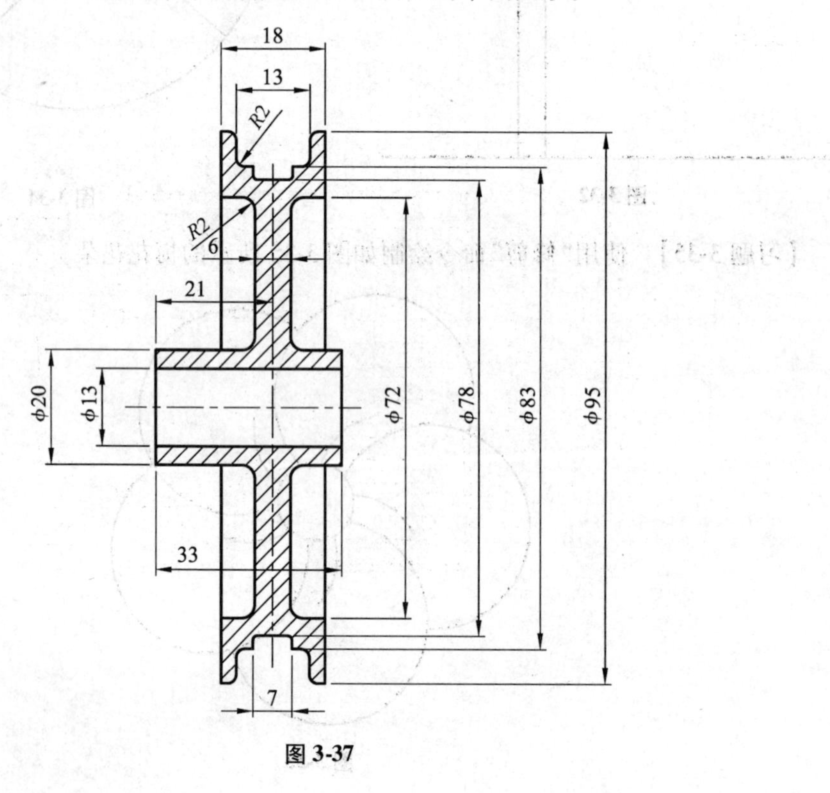

图 3-37

【习题3-38】 使用"偏移"命令绘制如图3-38所示的平面图形。

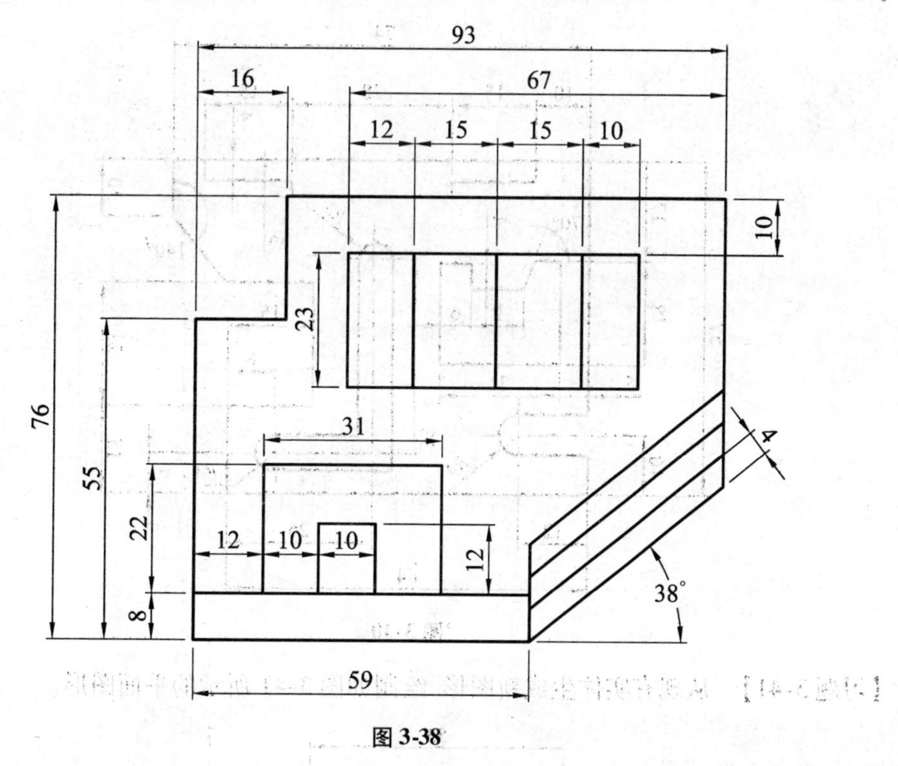

图 3-38

【习题3-39】 使用"多段线"命令绘制如图3-39所示的平面图形。

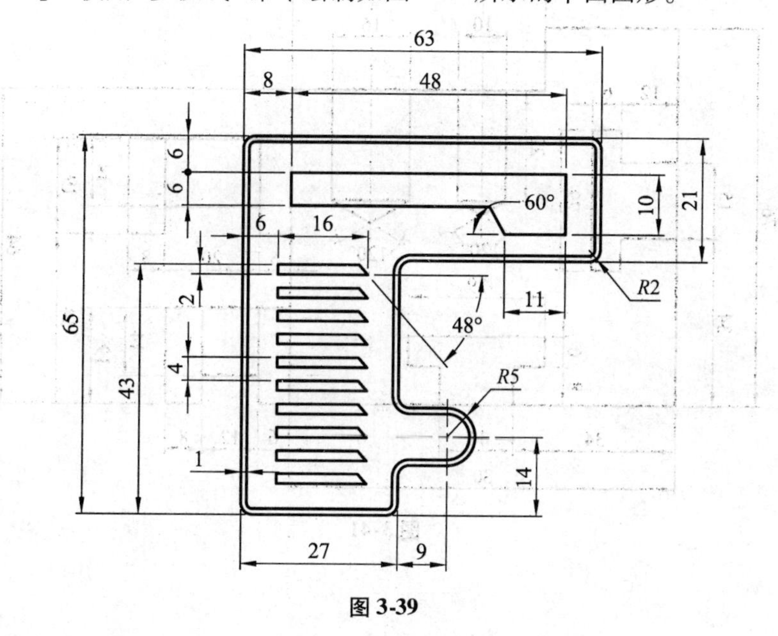

图 3-39

【习题 3-40】 使用“PLINE”命令绘制如图 3-40 所示的平面图形。

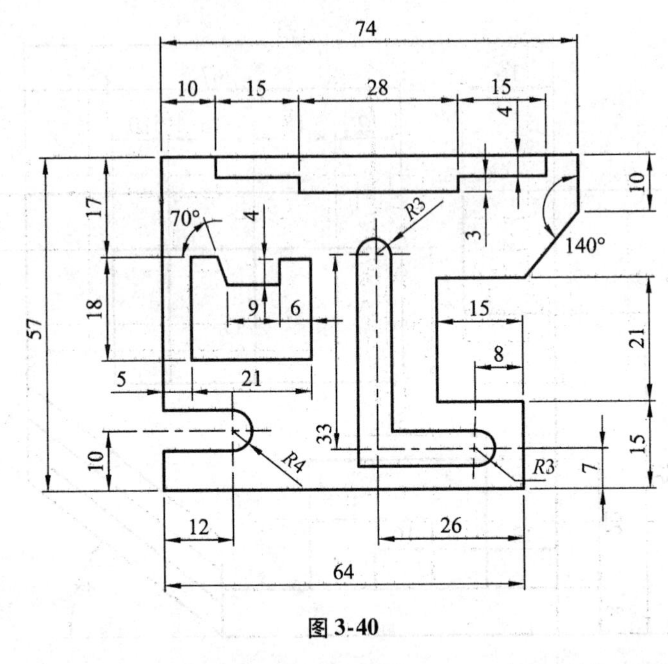

图 3-40

【习题 3-41】 从现有实体生成新图形，绘制如图 3-41 所示的平面图形。

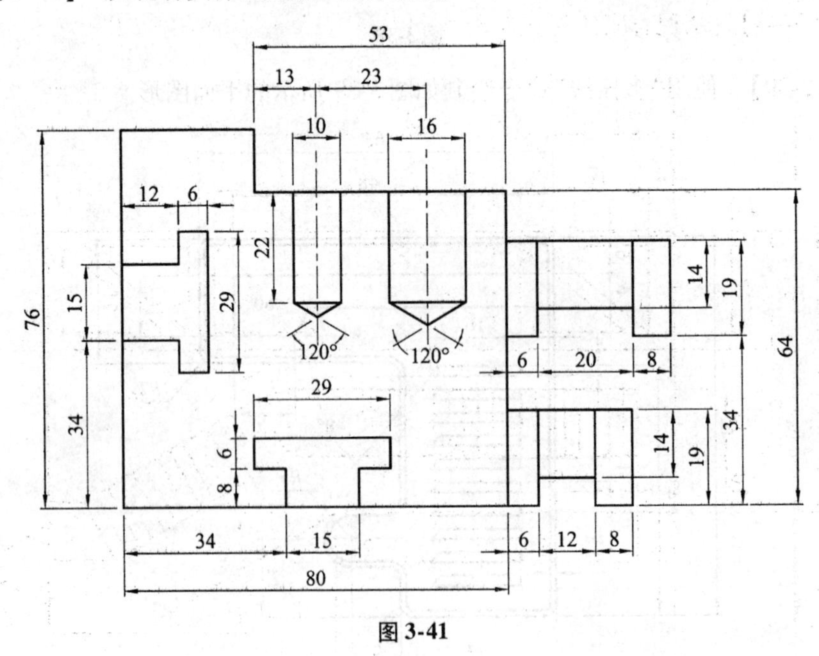

图 3-41

【习题 3-42】 从现有实体生成新图形,绘制如图 3-42 所示的平面图形。

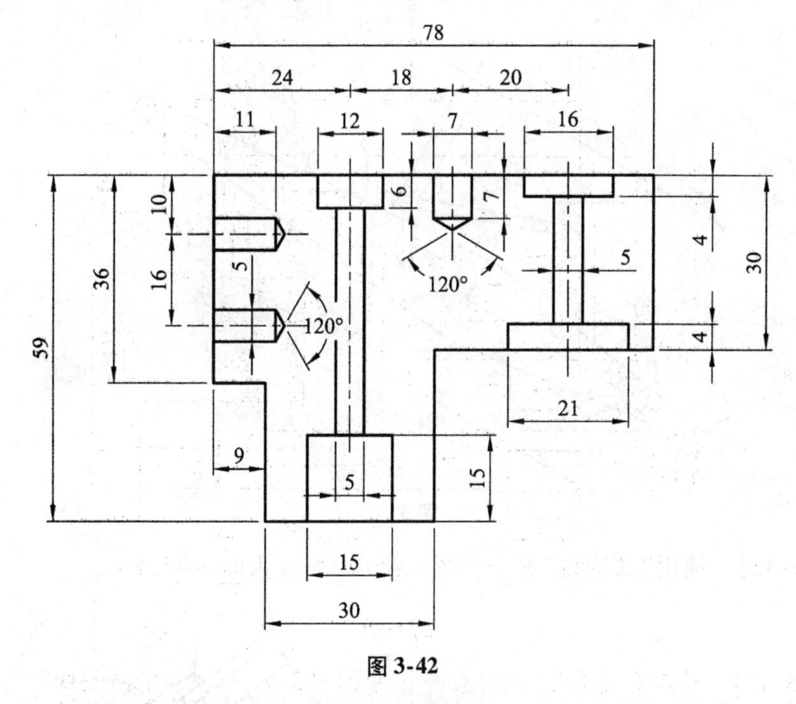

图 3-42

【习题 3-43】 从现有实体生成新图形,绘制如图 3-43 所示的平面图形。

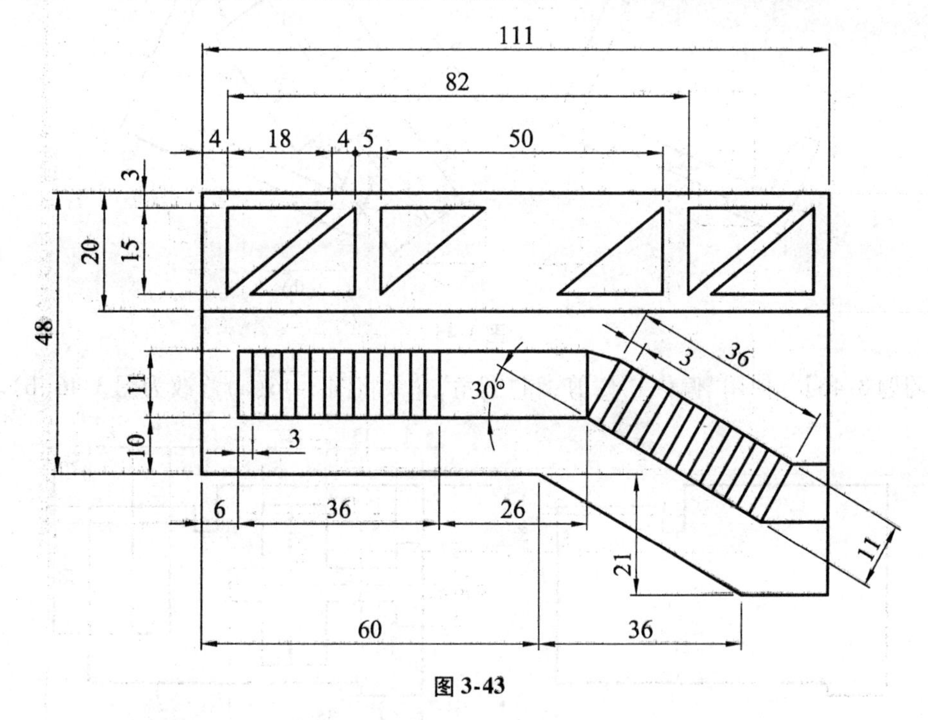

图 3-43

【习题 3-44】 使用“结构线”命令绘制如图 3-44 所示的平面图形。

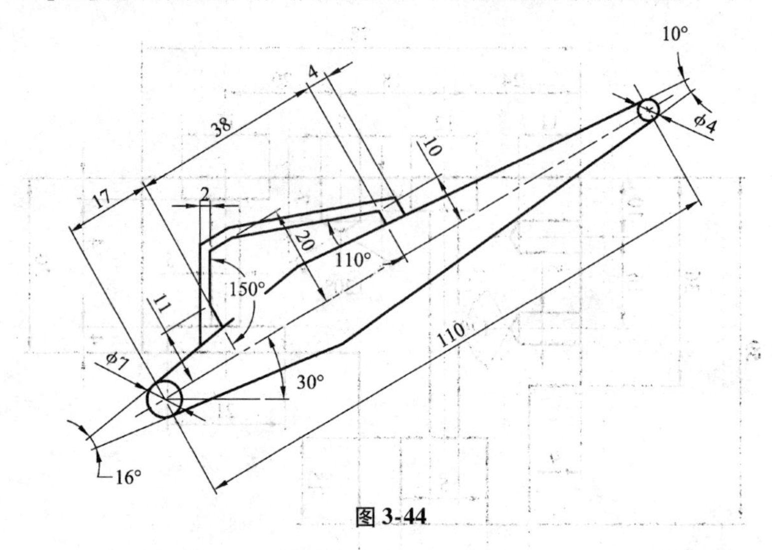

图 3-44

【习题 3-45】 使用“结构线”命令将图 3-45(a)修改为图 3-45(b)。

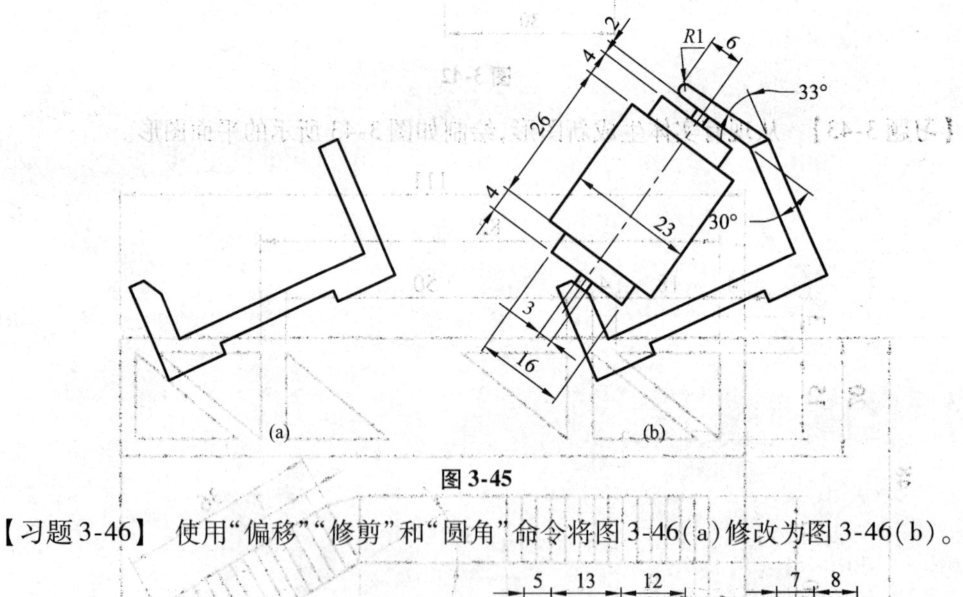

图 3-45

【习题 3-46】 使用“偏移”“修剪”和“圆角”命令将图 3-46(a)修改为图 3-46(b)。

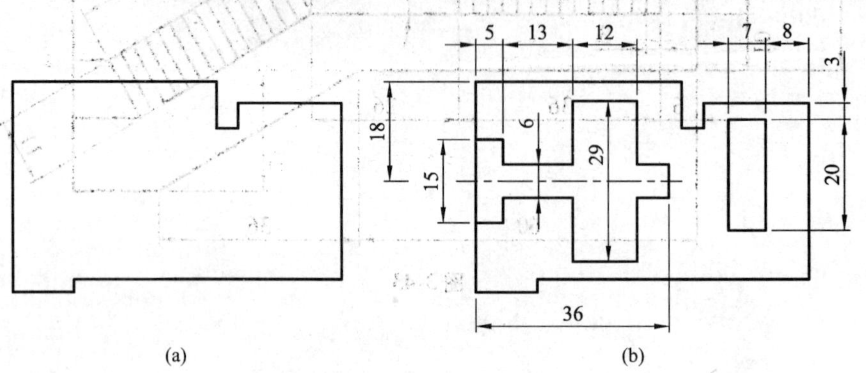

图 3-46

【习题3-47】 使用“修剪”命令将图3-47(a)修改为图3-47(b)。

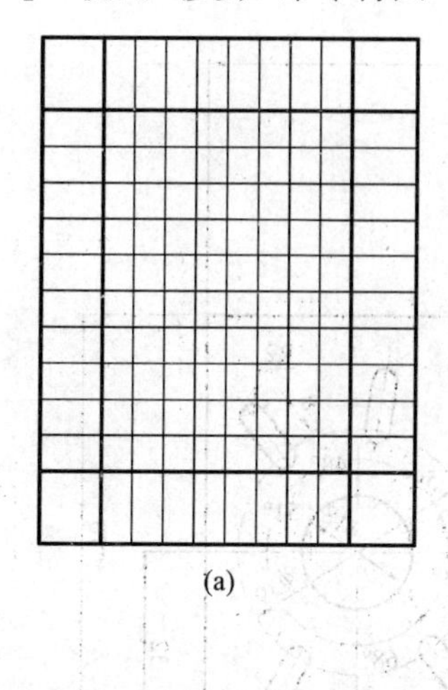
(a)

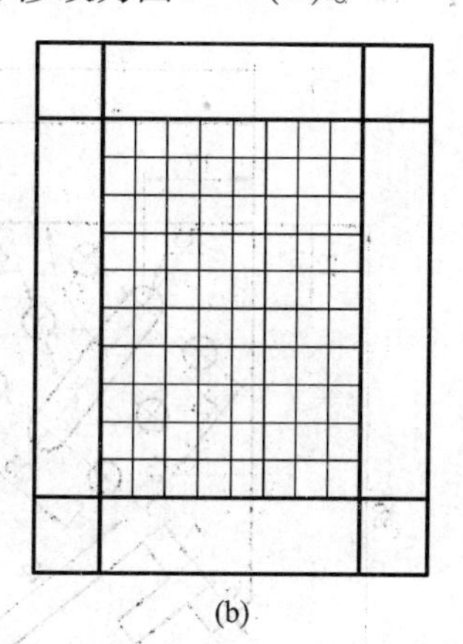
(b)

图 3-47

【习题3-48】 使用“对齐”“旋转”和“偏移”命令将图3-48(a)修改为图3-48(b)。

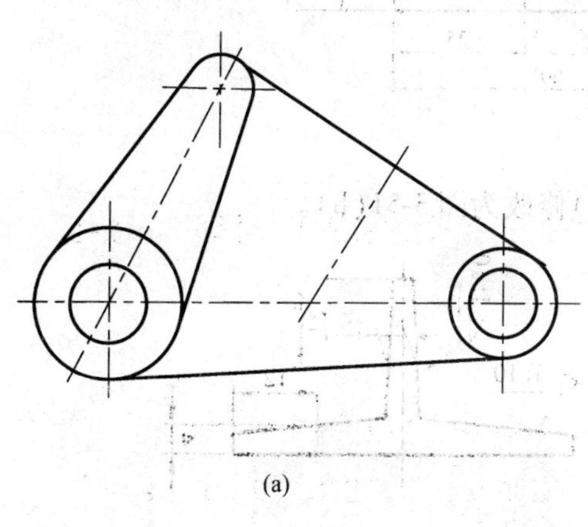
(a)

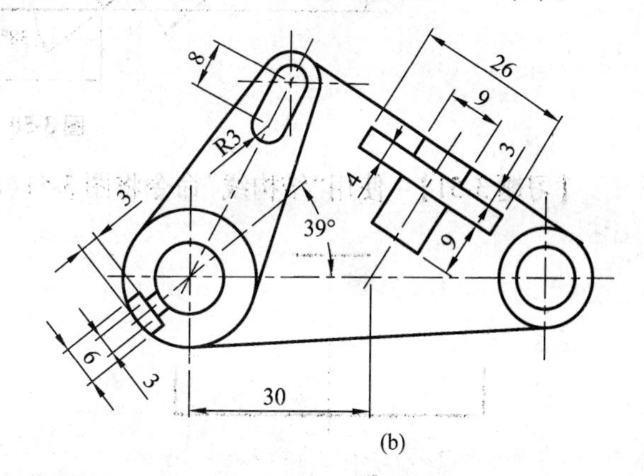

(b)

图 3-48

【习题3-49】 绘制如图3-49所示的图形。

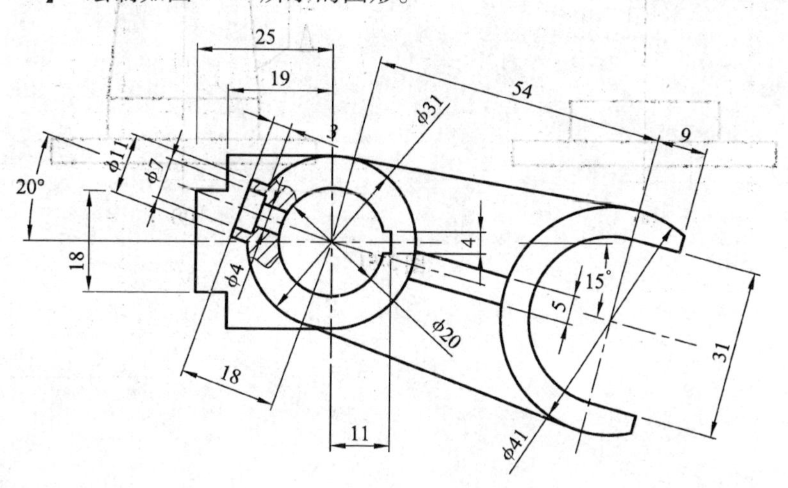

图 3-49

【习题 3-50】 绘制如图 3-50 所示的图形。

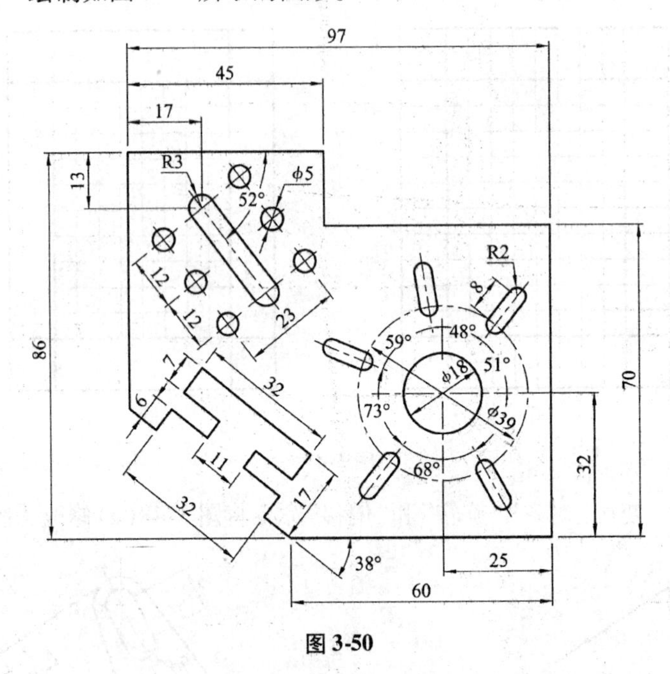

图 3-50

【习题 3-51】 使用“结构线”命令将图 3-51(a)修改为图 3-51(b)。

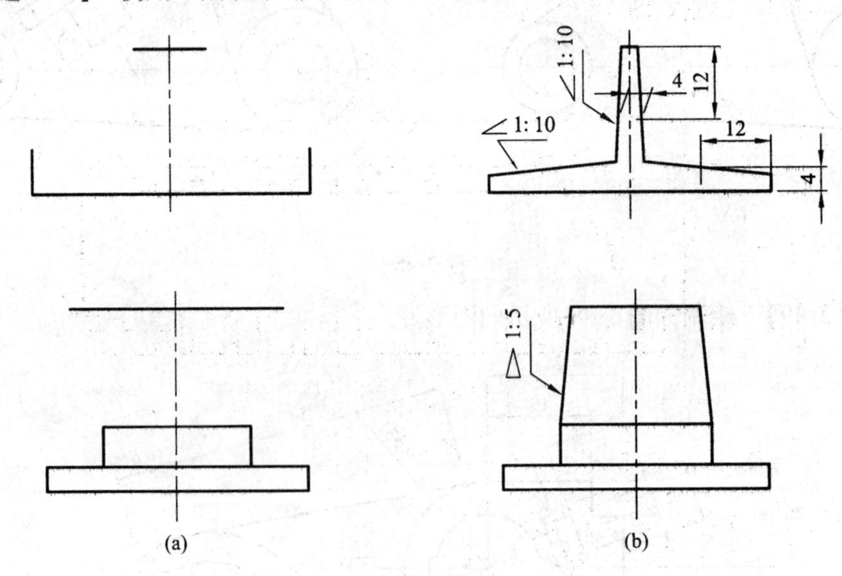

图 3-51

【习题 3-52】　绘制如图 3-52 所示的图形。

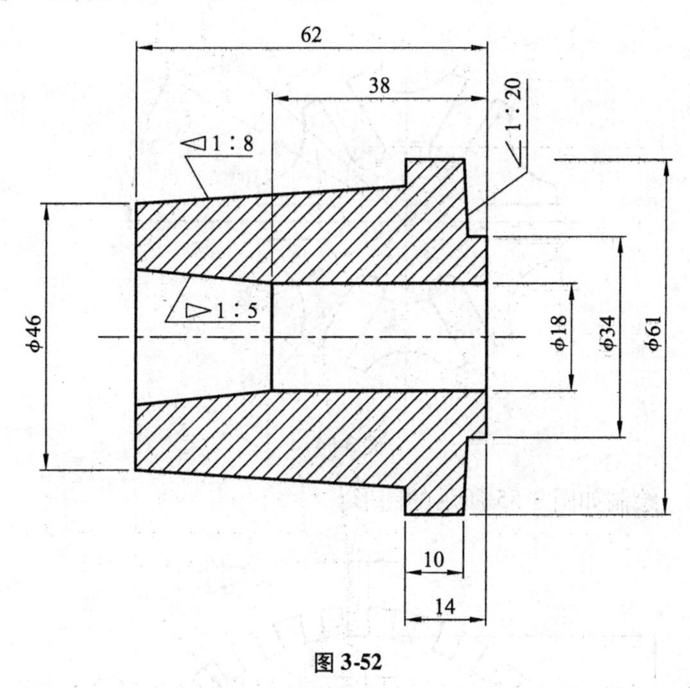

图 3-52

【习题 3-53】　绘制如图 3-53 所示的图形。

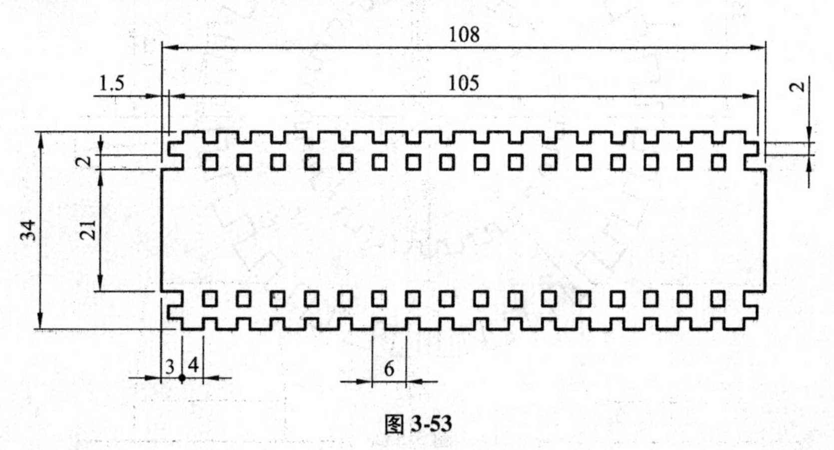

图 3-53

【习题 3-54】 绘制如图 3-54 所示的图形。

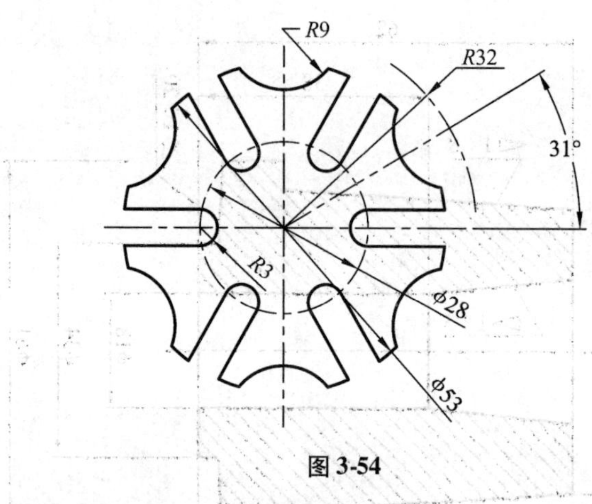

图 3-54

【习题 3-55】 绘制如图 3-55 所示的图形。

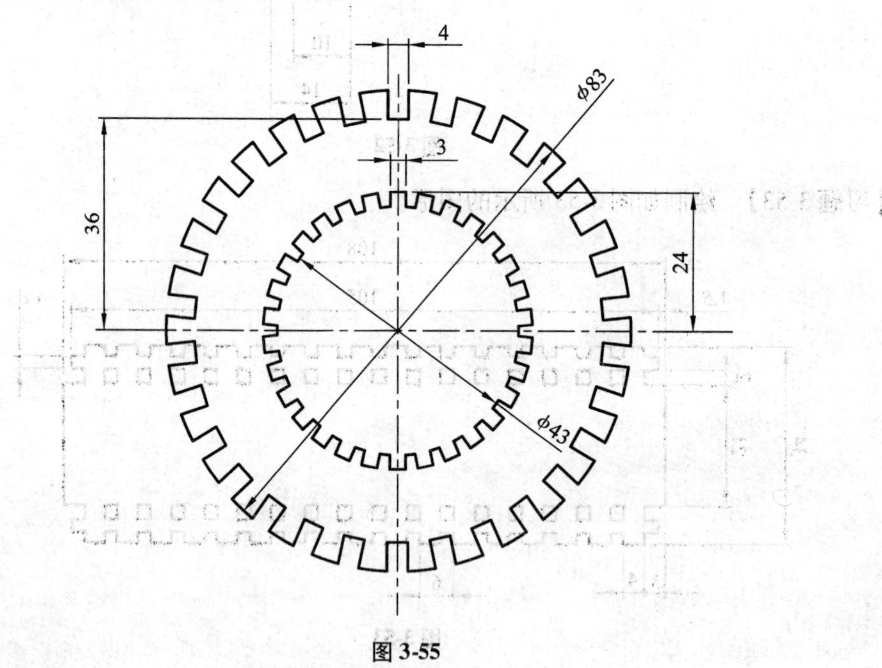

图 3-55

项目四

工程制图基础

4.1　三视图

【习题 4-1】　绘制基本体三视图,如图 4-1 所示。

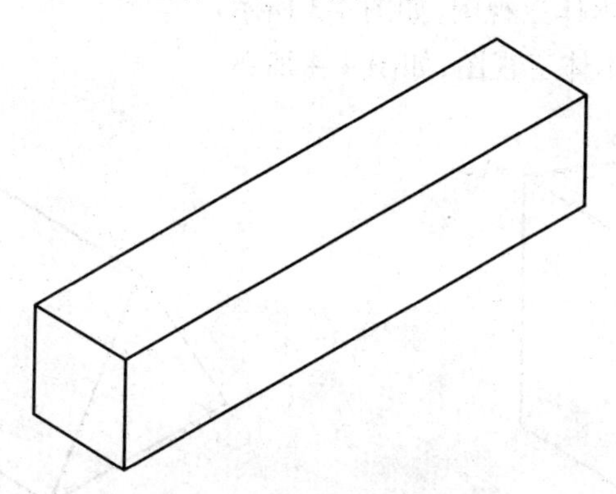

图 4-1　长方体 600×100×100

作图步骤如下:

(1) 启动 AutoCAD 软件,打开素材文件 4-1. dwg。

(2) 在四个视口中观察:选择“菜单栏”→“视图”→“视口”→“四个视口”命令。

(3) 观察主视图、俯视图和左视图:

在左上视口中单击鼠标,将其置为活动视口,单击“三维视图”→“主视”命令,可以看到主视图;

在左下视口单击鼠标,将其置为活动视口,单击“三维视图”→“俯视”命令,可以看到俯视图;

在右上视口单击鼠标,将其置为活动视口,单击“三维视图”→“左视”命令,可以看到左视图。

如图 4-2 所示。

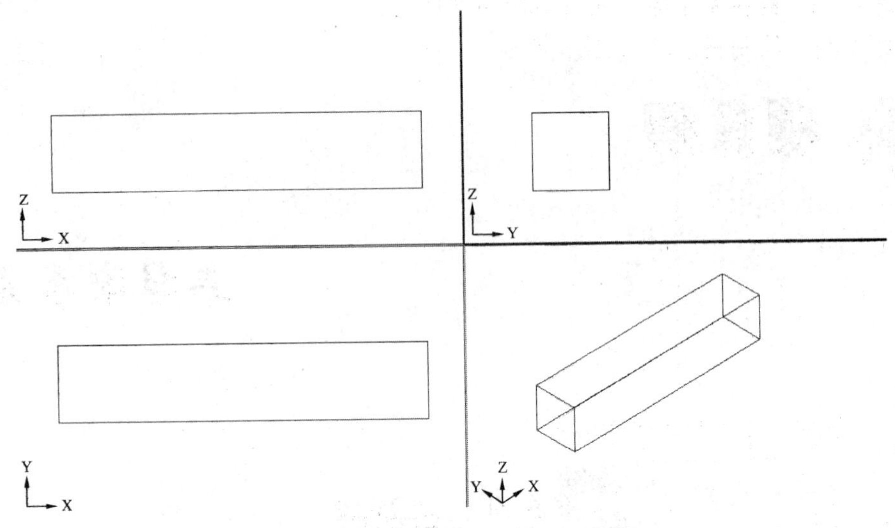

图 4-2　在四个视口中观察三面投影

(4) 新建文件,按照“长对正,高平齐,宽相等”的原则画出长方体三视图。

【习题 4-2】　绘制基本体三视图,如图 4-3 所示。

【习题 4-3】　绘制基本体三视图,如图 4-4 所示。

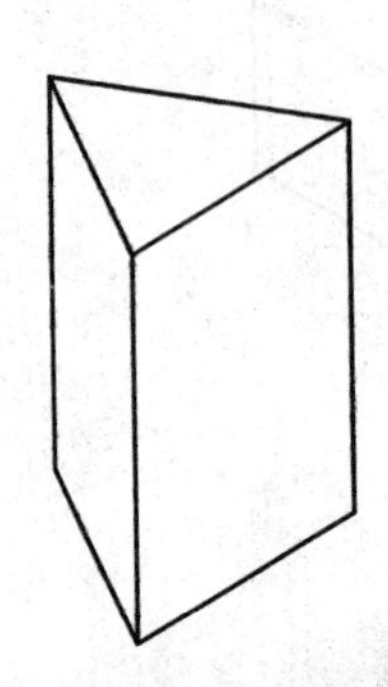

图 4-3　三棱柱底面边长 100,高 150

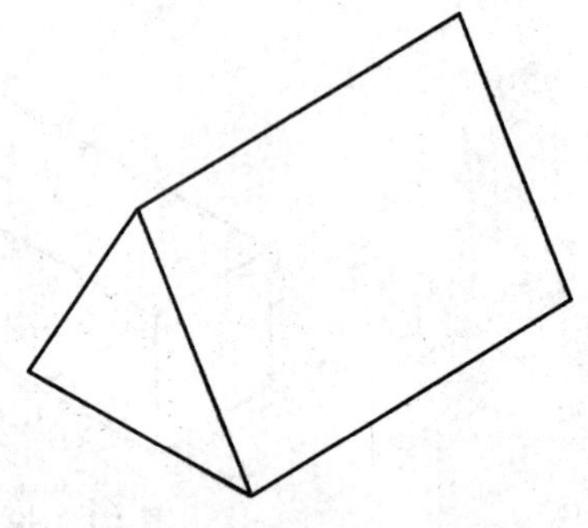

图 4-4　三棱柱底面边长 100,高 150

【习题 4-4】　绘制基本体三视图,如图 4-5 所示。

【习题 4-5】　绘制基本体三视图,如图 4-6 所示。

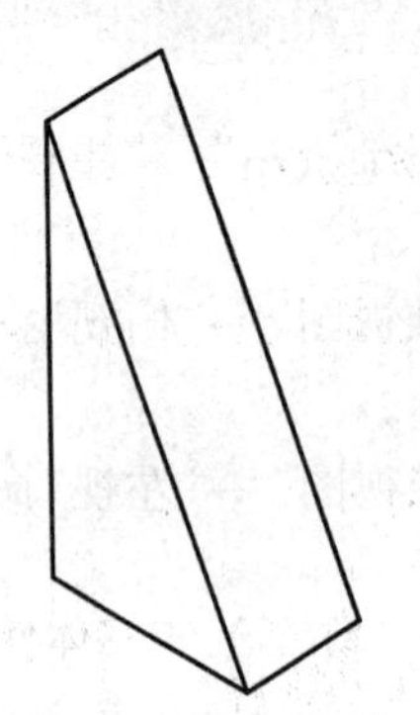

图 4-5　直角三角形 100、50,厚 30

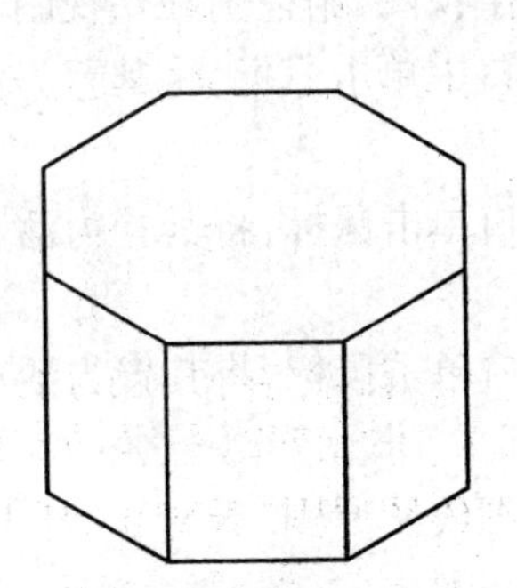

图 4-6　八棱柱底面边长 100,高 150

【习题4-6】　绘制基本体三视图,如图4-7所示。

【习题4-7】　绘制基本体三视图,如图4-8所示。

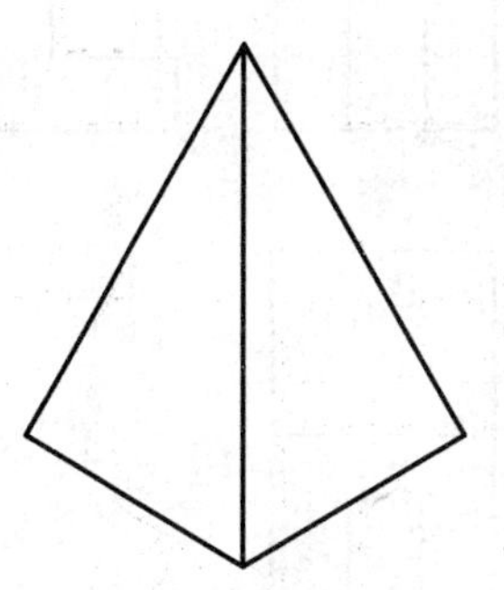

图4-7　四棱锥底边长100,高150

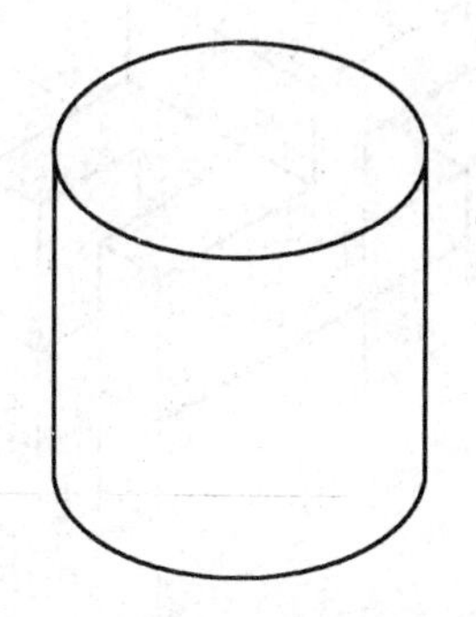

图4-8　圆柱直径100,高100

【习题4-8】　绘制基本体三视图,如图4-9所示。

【习题4-9】　绘制基本体三视图,如图4-10所示。

【习题4-10】　绘制基本体三视图,如图4-11所示。

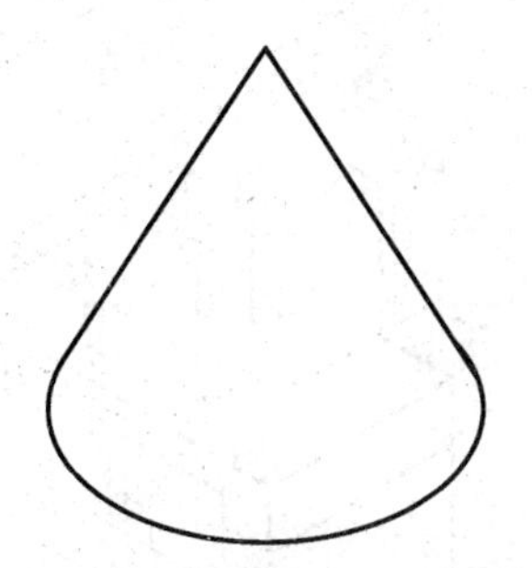

图4-9　圆锥直径100,高100

图4-10　球直径100

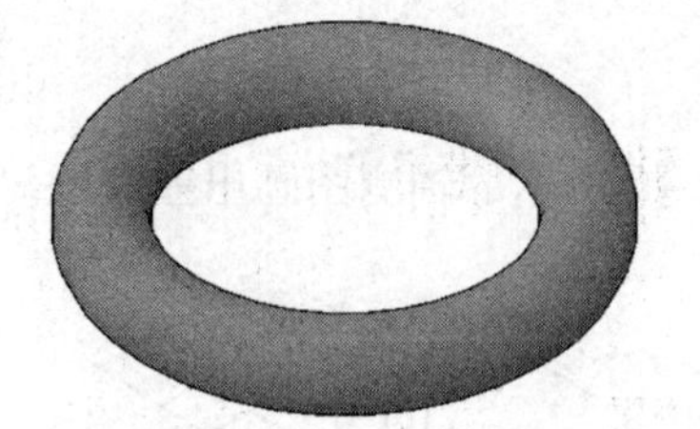

图4-11　圆环体半径50,管半径10

4.2　组合体三视图

【习题4-11】　根据如图4-12所示的轴测图画出三视图。

根据三视图绘图原则“长对正,高平齐,宽相等”绘图。看得见的实体使用粗实线绘制,被遮挡的实体线使用虚线绘制,如图4-13所示。

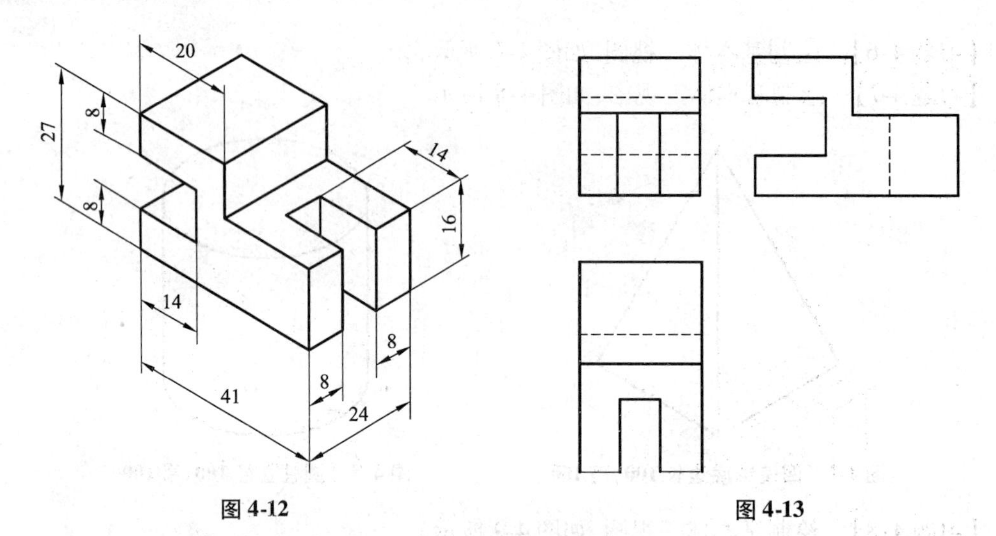

图 4-12　　图 4-13

【习题 4-12】　根据如图 4-14 所示的轴测图画出三视图。

【习题 4-13】　根据如图 4-15 所示的轴测图画出三视图。

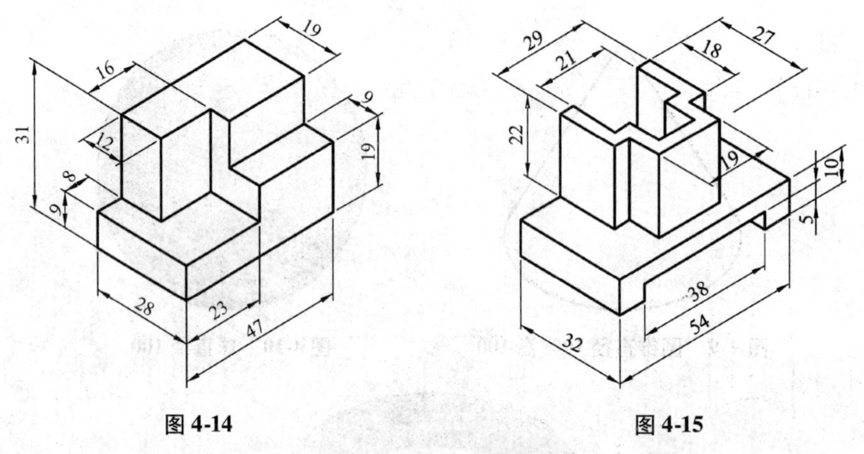

图 4-14　　图 4-15

【习题 4-14】　根据如图 4-16 所示的轴测图画出三视图。

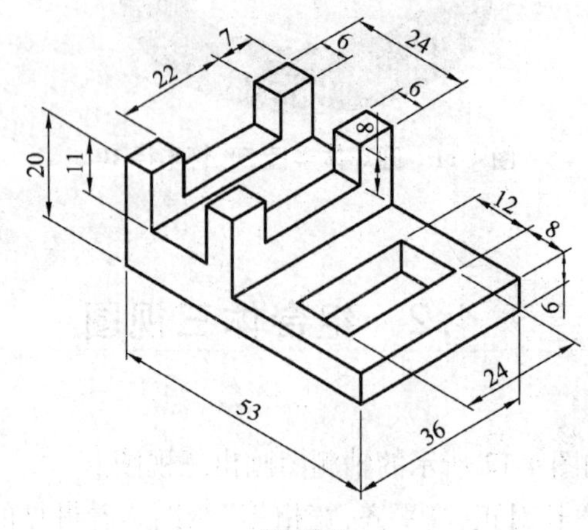

图 4-16

【习题 4-15】　根据如图 4-17 所示的轴测图画出三视图。

【习题 4-16】　根据如图 4-18 所示的轴测图画出三视图。

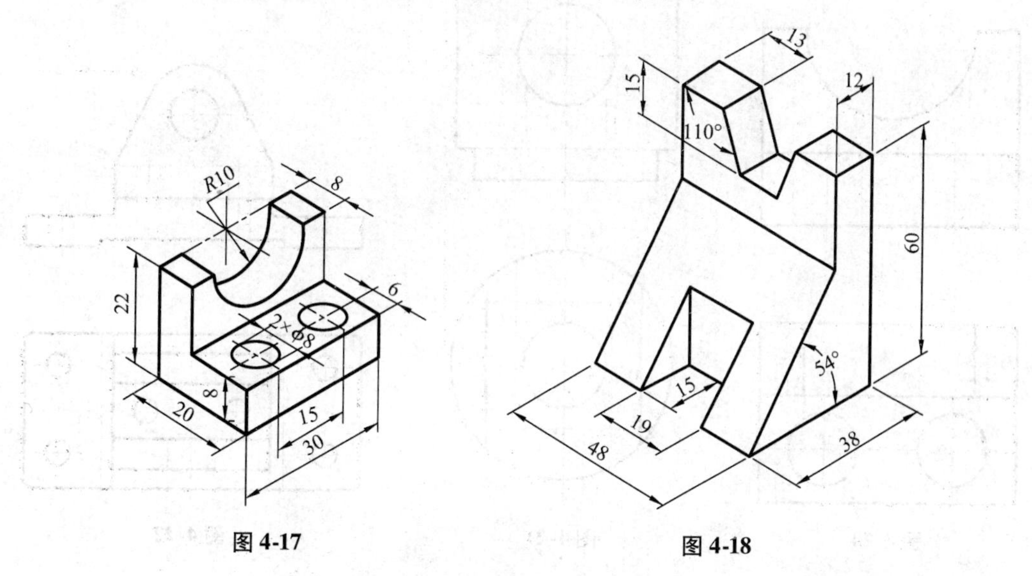

图 4-17　　图 4-18

【习题 4-17】　根据如图 4-19 所示的轴测图画出三视图。

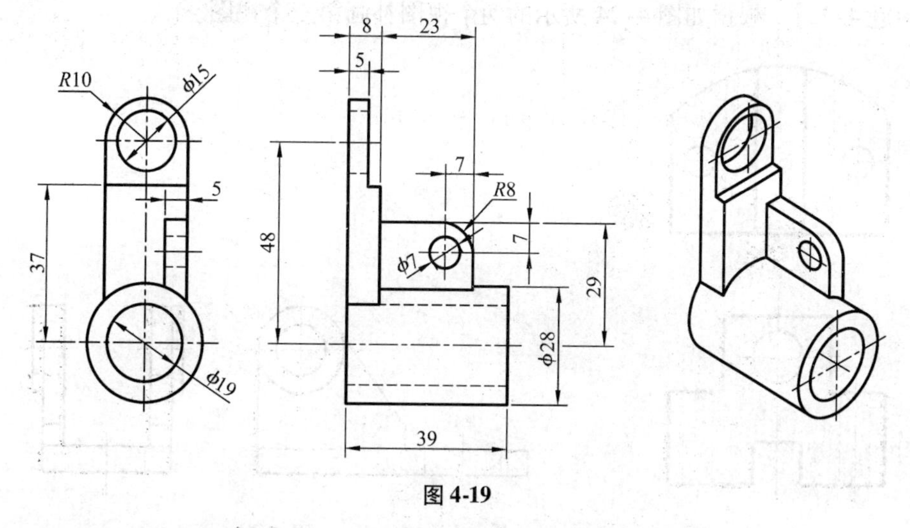

图 4-19

【习题 4-18】　根据如图 4-20 所示的两个视图补画第三个视图。

绘制左视图时，可先将俯视图复制到第四象限，并逆时针旋转 90°，然后利用水平或垂直追踪来画出左视图。同理画俯视图时，可先将左视图复制到第四象限，并顺时针旋转 90°，然后利用水平或垂直追踪来画出俯视图。

【习题 4-19】　根据如图 4-21 所示的两个视图补画第三个视图。

【习题 4-20】　根据如图 4-22 所示的两个视图补画第三个视图。

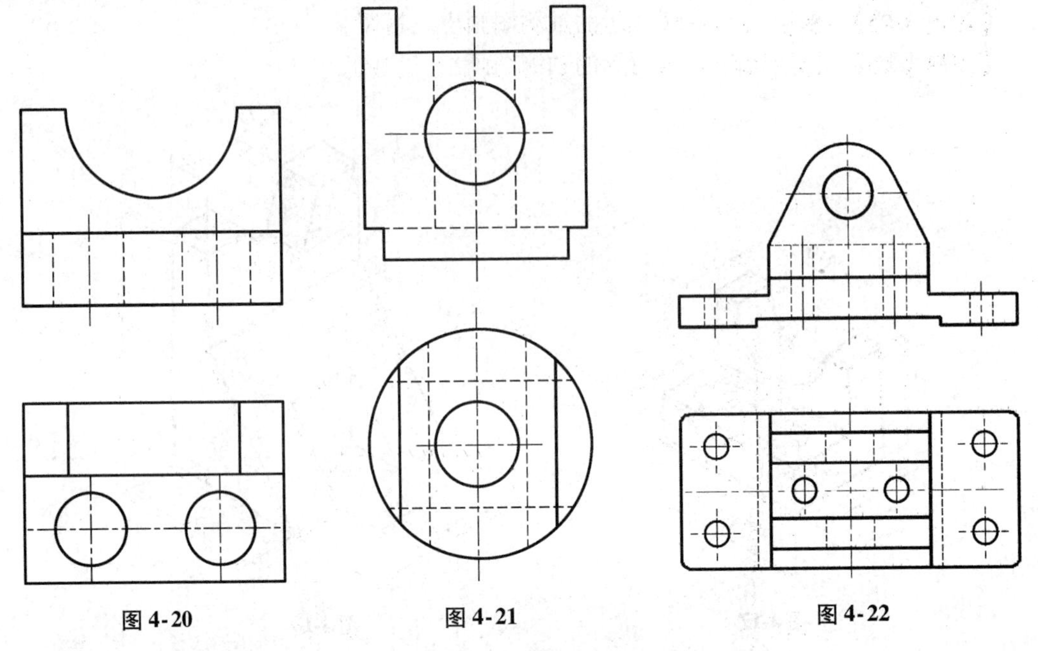

图 4-20　　图 4-21　　图 4-22

【习题 4-21】 根据如图 4-23 所示的两个视图补画第三个视图。

【习题 4-22】 根据如图 4-24 所示的两个视图补画第三个视图。

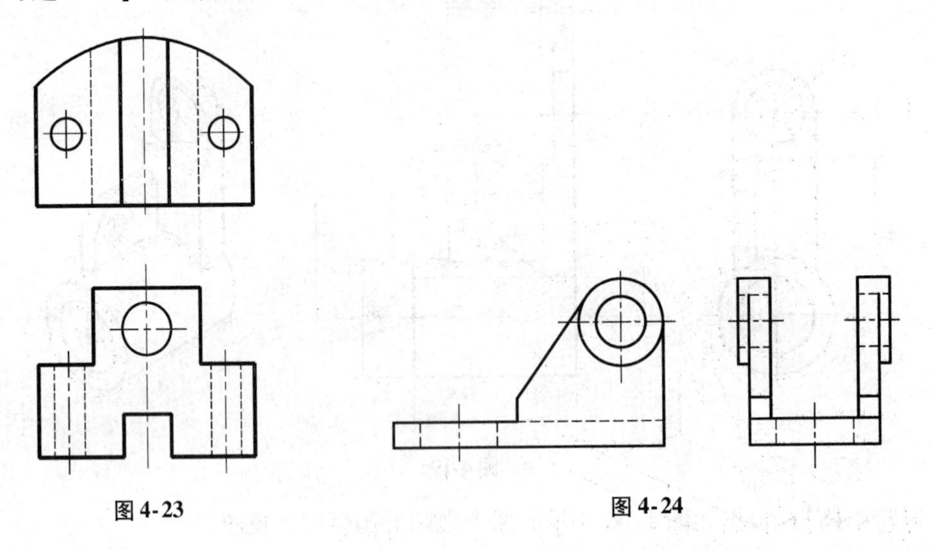

图 4-23　　图 4-24

4.3 剖视图

【习题4-23】 画出如图4-25所示零件的平面视图,将主视图画成全剖视图。

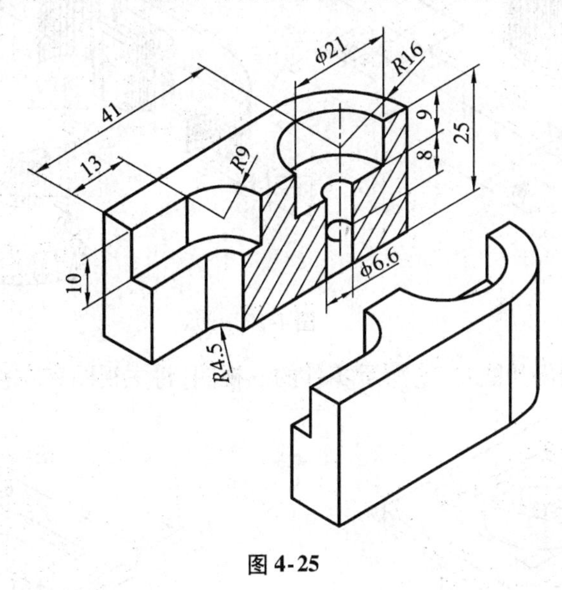

图4-25

【习题4-24】 画出如图4-26所示零件的平面视图,将主视图画成全剖视图。

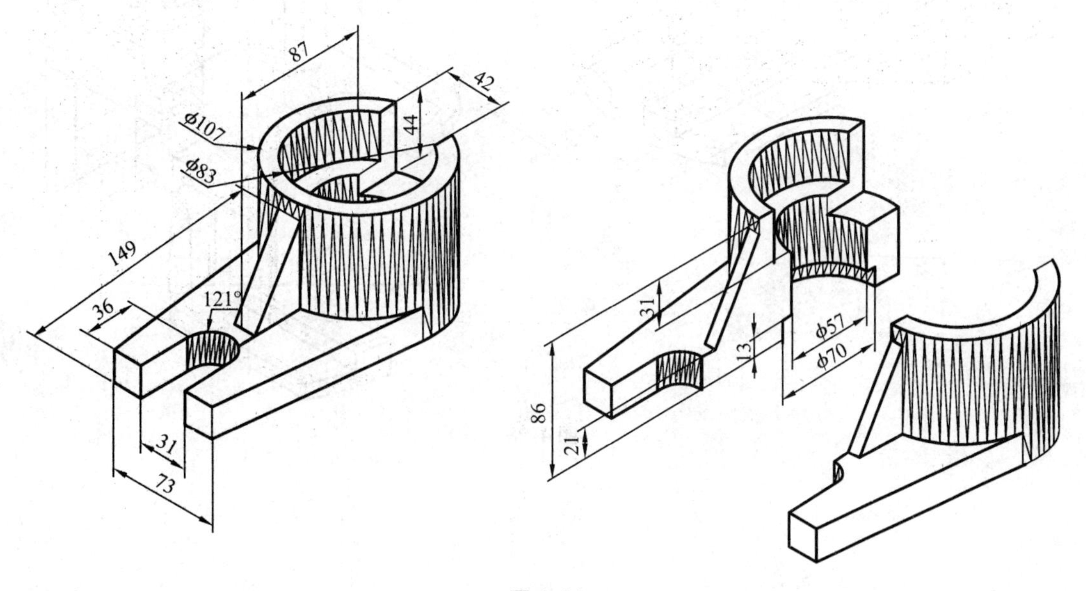

图4-26

【习题 4-25】 画出如图 4-27 所示零件的平面视图,将主视图画成全剖视图。

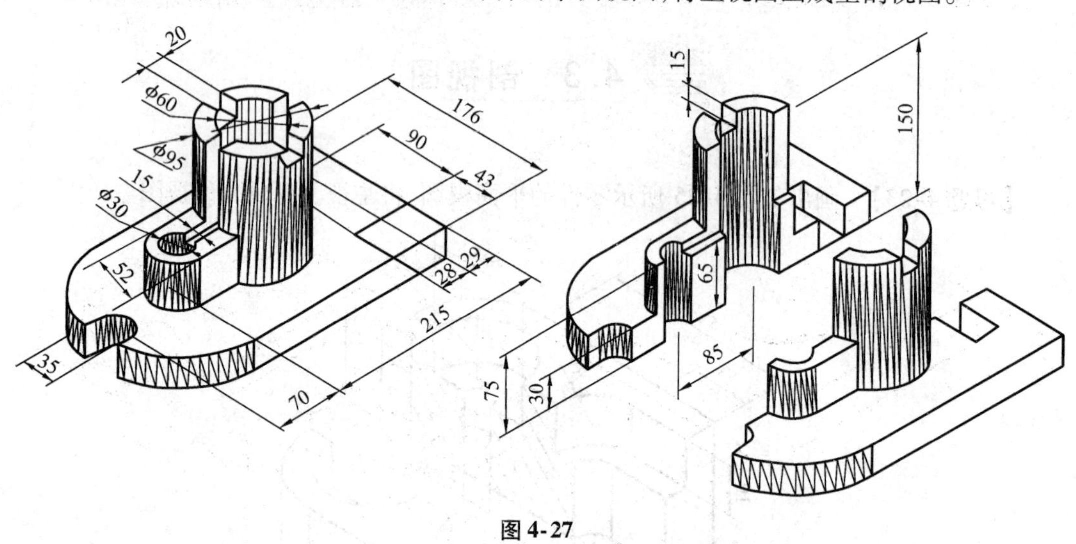

图 4-27

【习题 4-26】 画出如图 4-28 所示零件的三视图,将主视图和左视图画成半剖视图。

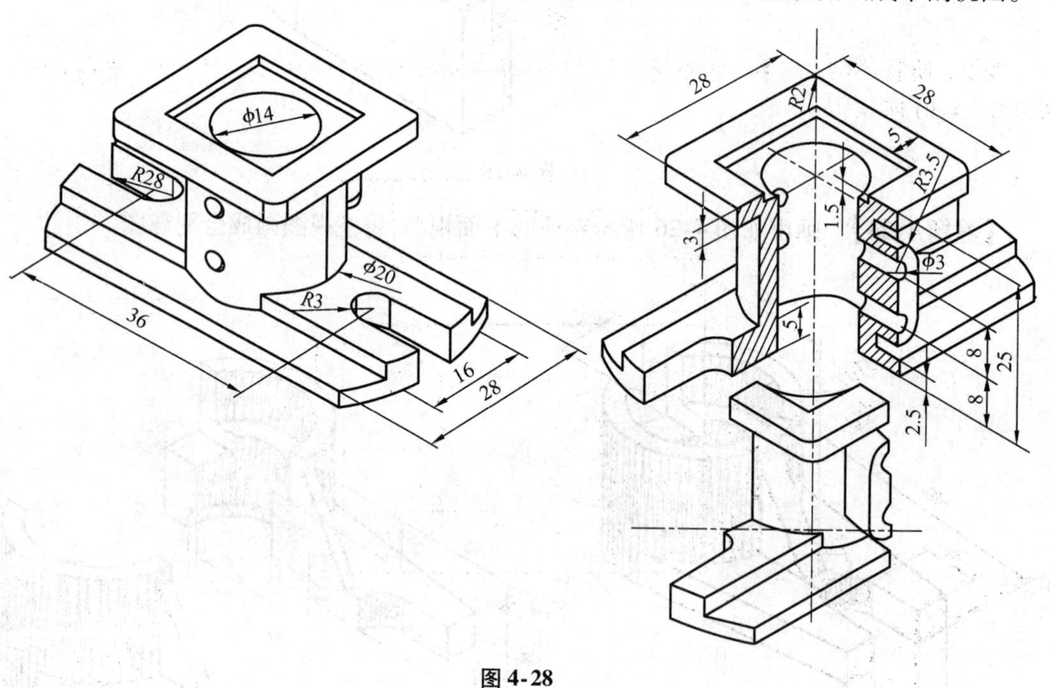

图 4-28

【习题4-27】 画出如图4-29所示零件的三视图,将主视图画成阶梯剖视图。

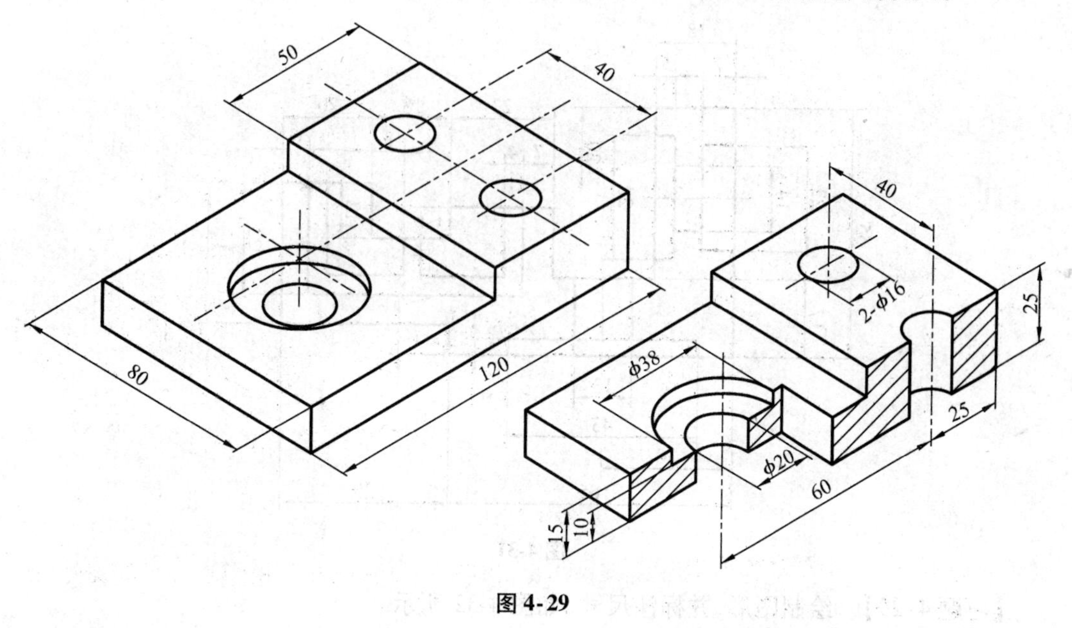

图4-29

提示: 阶梯剖时,阶梯剖切面是假想的,在阶梯处形成的轮廓线是实体的一部分,不要画,如图4-30所示。

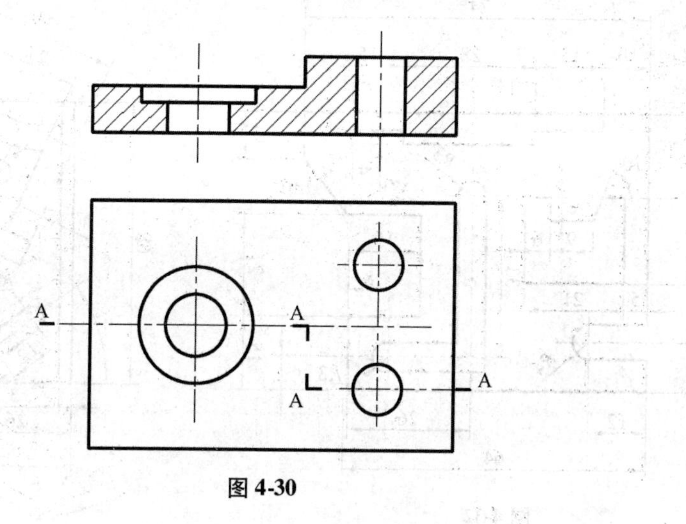

图4-30

【习题4-28】 绘制图形,并标注尺寸,如图4-31所示。

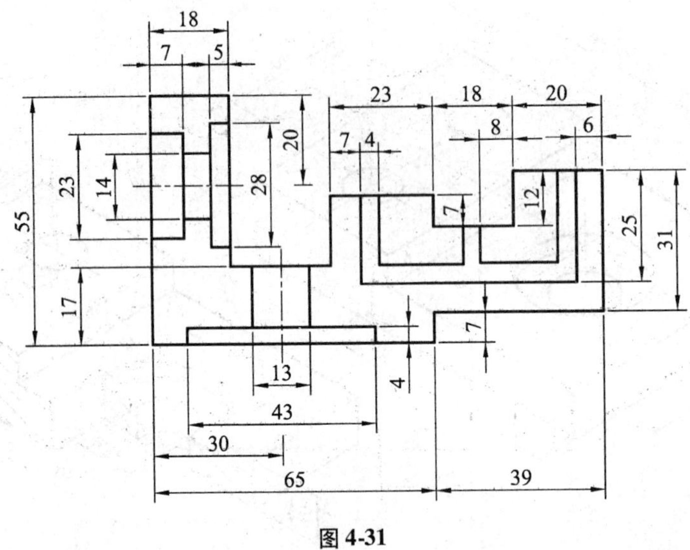

图 4-31

【习题4-29】 绘制图形,并标注尺寸,如图4-32所示。

【习题4-30】 绘制图形,并标注尺寸,如图4-33所示。

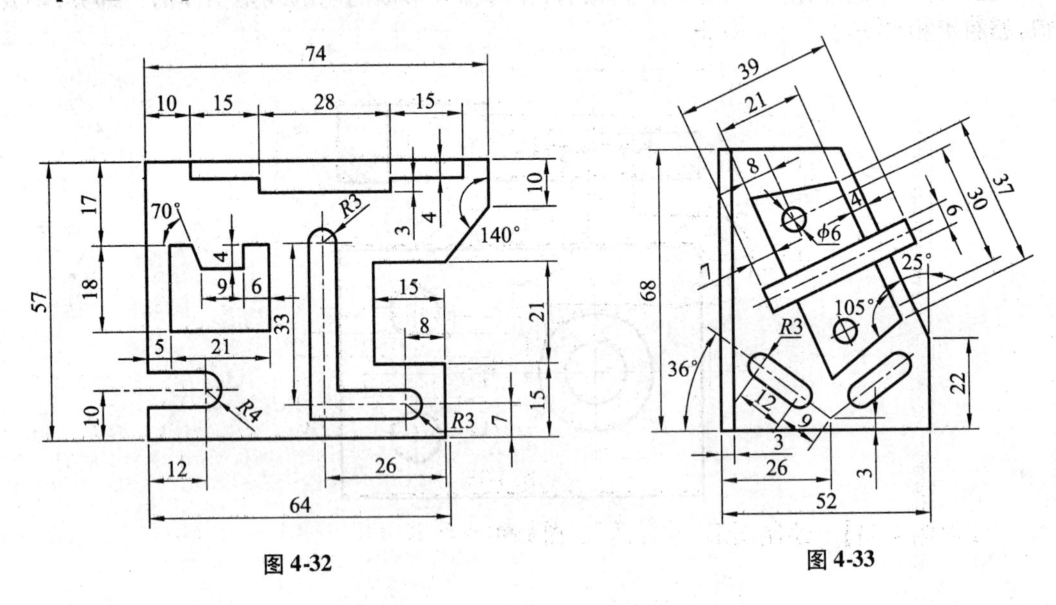

图 4-32

图 4-33

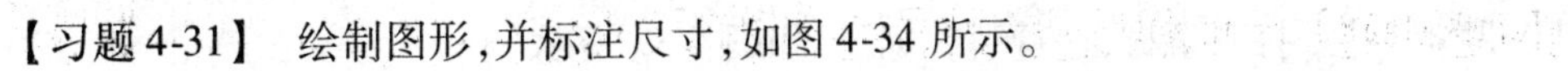

【习题 4-31】 绘制图形,并标注尺寸,如图 4-34 所示。

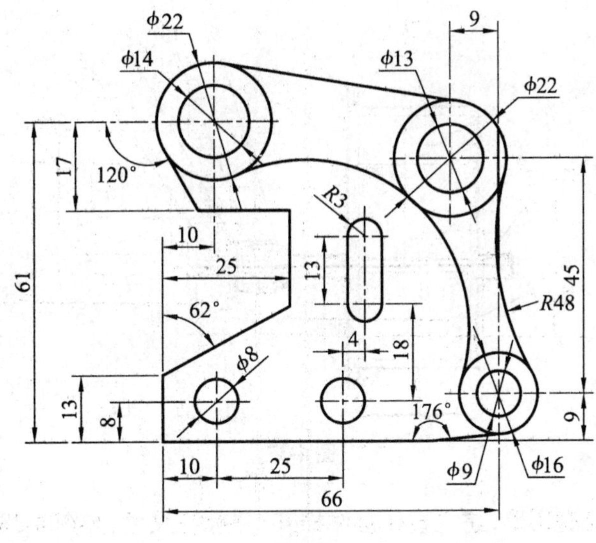

图 4-34

【习题 4-32】 绘制图形,并标注尺寸,如图 4-35 所示。

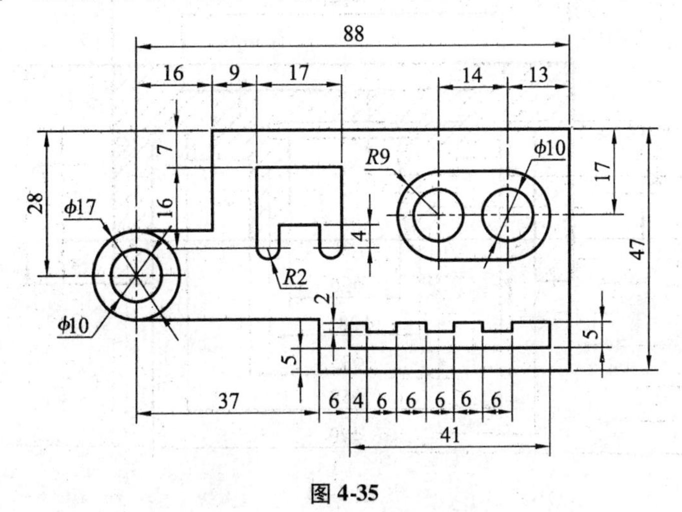

图 4-35

【习题 4-33】 绘制图形,并标注尺寸,如图 4-36 所示。

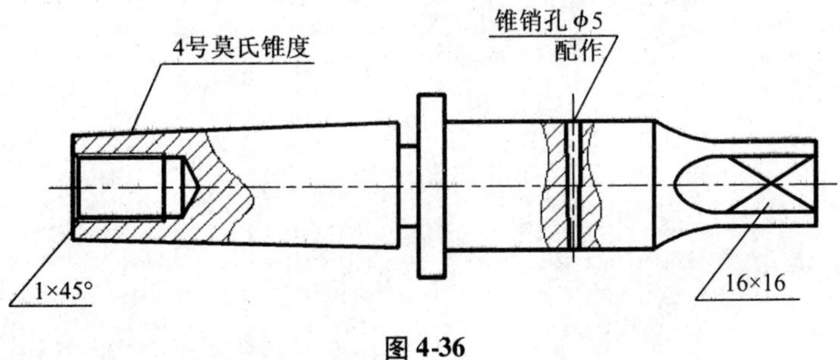

图 4-36

【习题 4-34】 打开素材，进行引线标注，如图 4-37 所示。

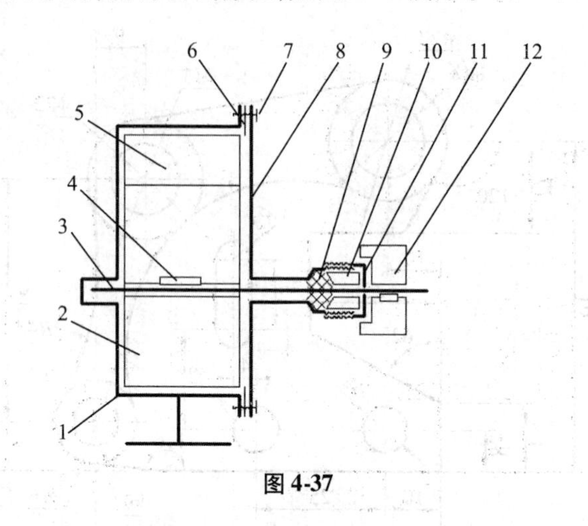

图 4-37

【习题 4-35】 绘制图形，建立直径标注样式，并标注尺寸，如图 4-38 所示。

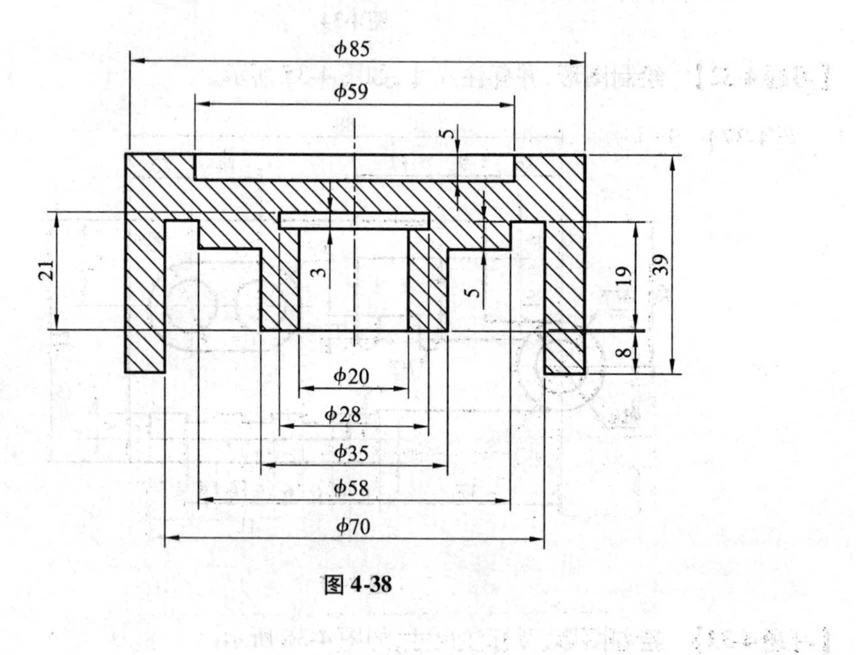

图 4-38

【习题 4-36】　绘制图形,建立直径标注样式,并标注尺寸,如图 4-39 所示。

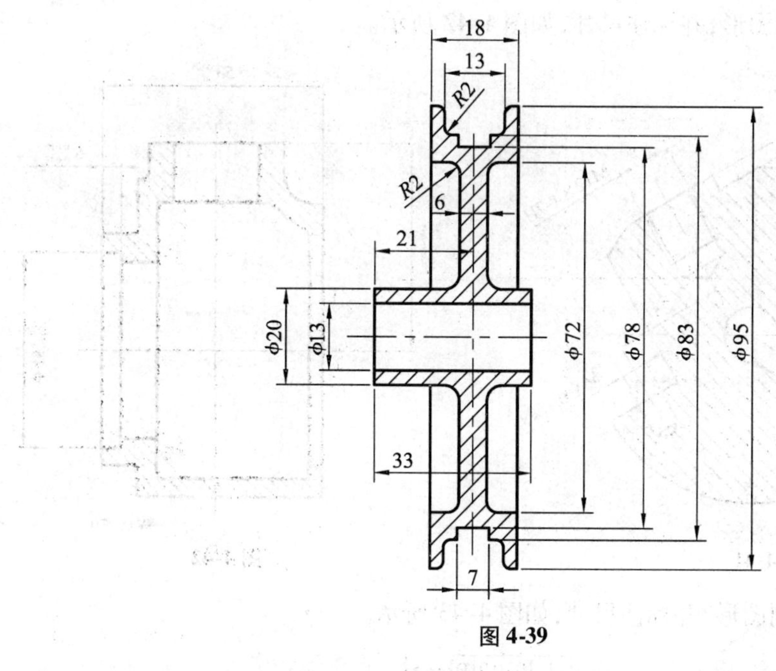

图 4-39

【习题 4-37】　绘制图形,并标注尺寸,如图 4-40 所示。

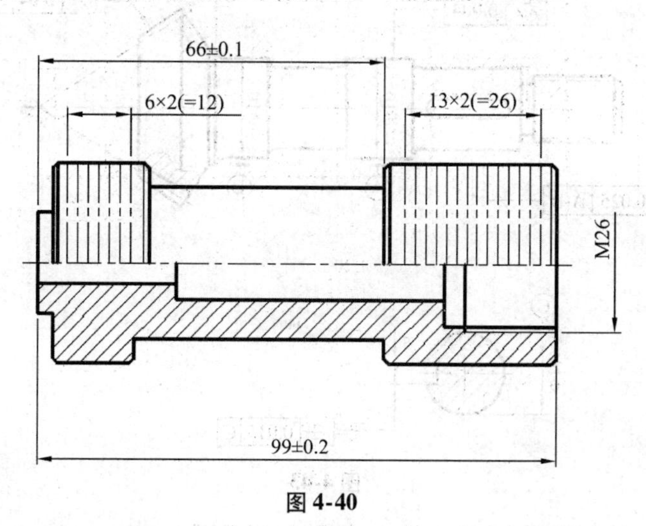

图 4-40

【习题 4-38】 绘制图形,并标注尺寸,如图 4-41 所示。

【习题 4-39】 绘制图形,并标注尺寸,如图 4-42 所示。

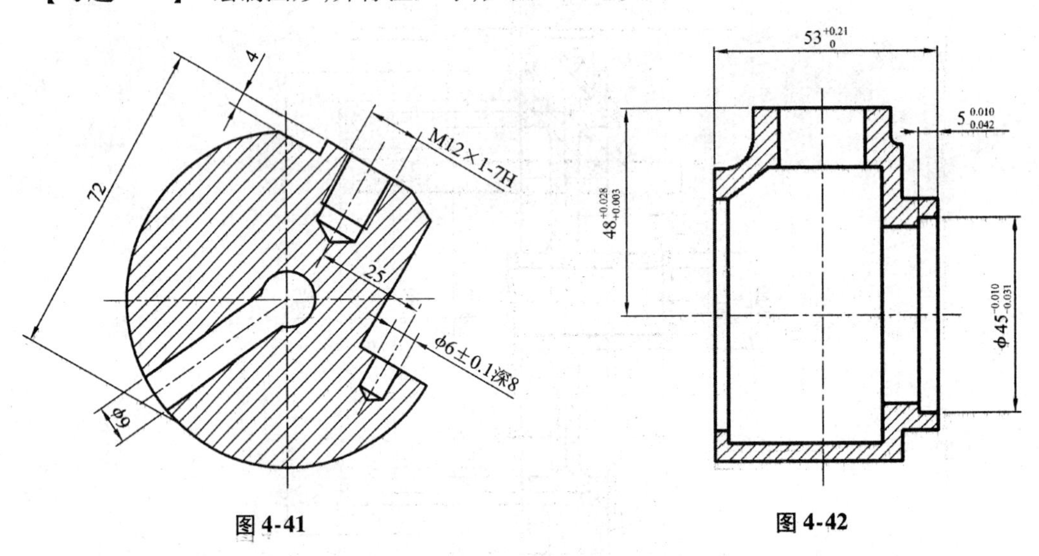

图 4-41　　　　图 4-42

【习题 4-40】 绘制图形,并标注尺寸,如图 4-43 所示。

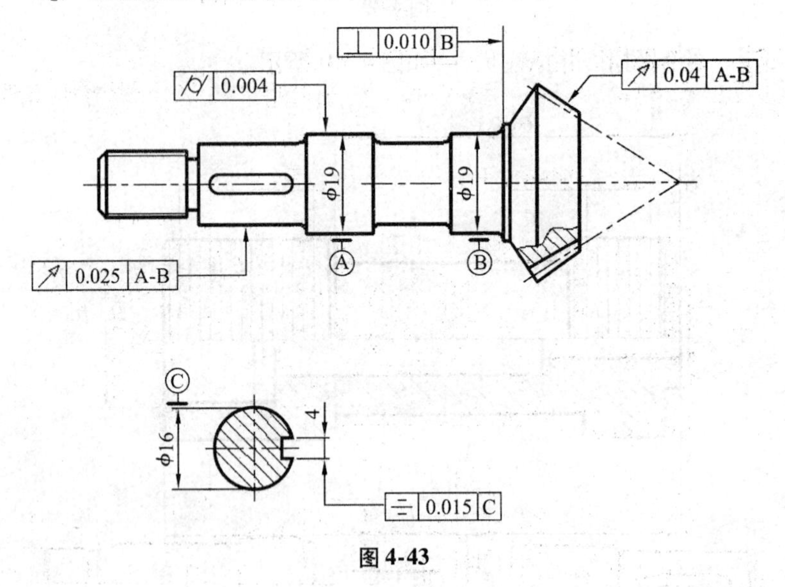

图 4-43

【习题 4-41】 绘制图形,并标注尺寸,如图 4-44 所示。

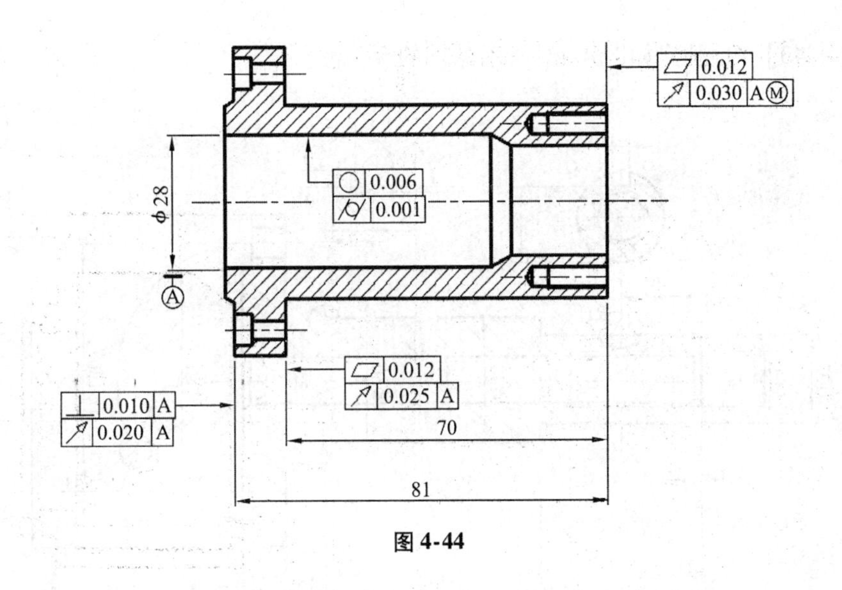

图 4-44

4.4　轴类零件(断面图和局部放大图)

轴类零件一般由圆柱构成,是常用的零件。绘制此类零件时,一般只画主视图,并根据需要配以断面图和局部放大图。

【习题 4-42】　抄画出如图 4-45 所示的轴的零件图。

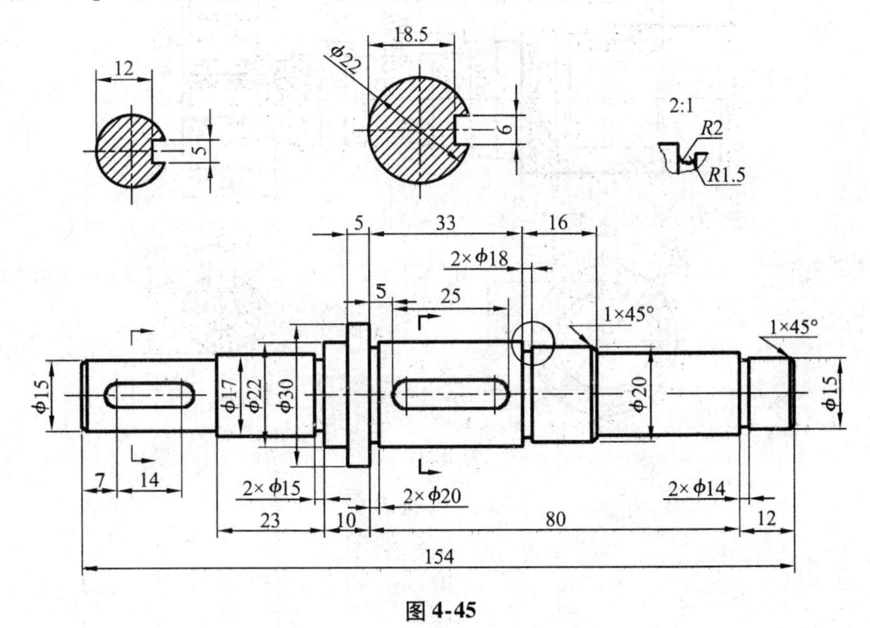

图 4-45

【习题 4-43】 抄画出如图 4-46 所示的轴的零件图。

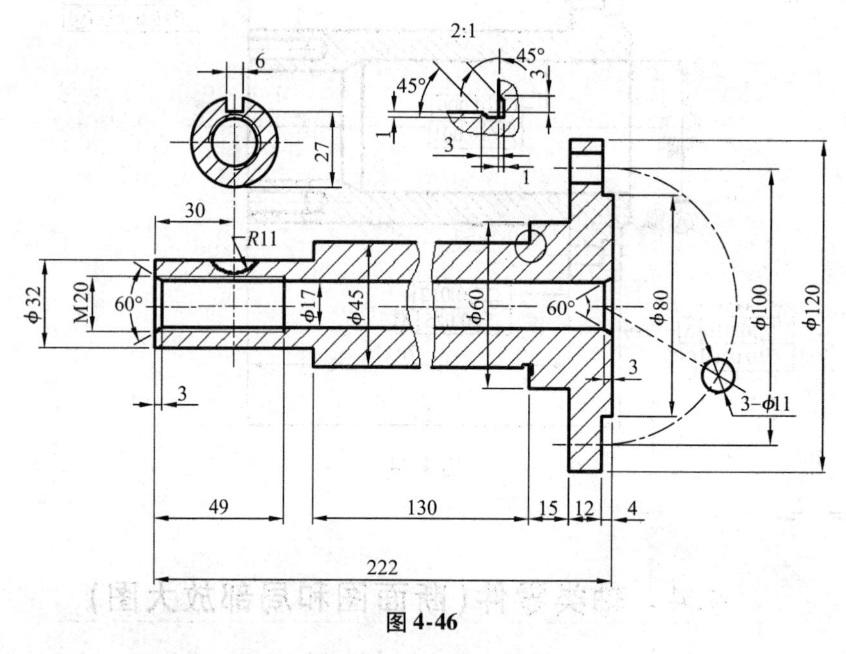

图 4-46

【习题 4-44】 抄画出如图 4-47 所示的轴的零件图。

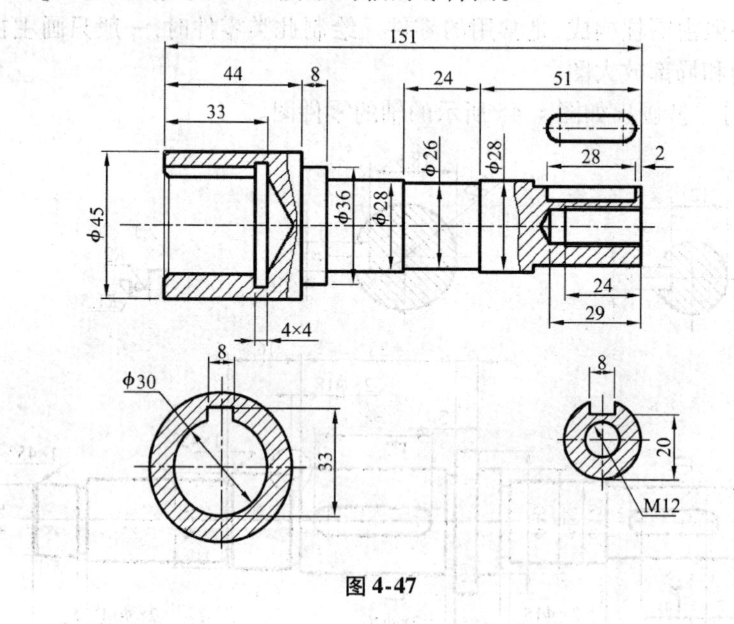

图 4-47

4.5 盘套类零件

盘套类零件一般也主要由圆柱构成,轴向尺寸较轴类零件短,一般内部有通孔,绘图时根据情况采用一到两个视图,并且主视图画成剖视图。

【习题 4-45】 抄画出如图 4-48 所示的零件图。

【习题 4-46】 抄画出如图 4-49 所示的零件图。

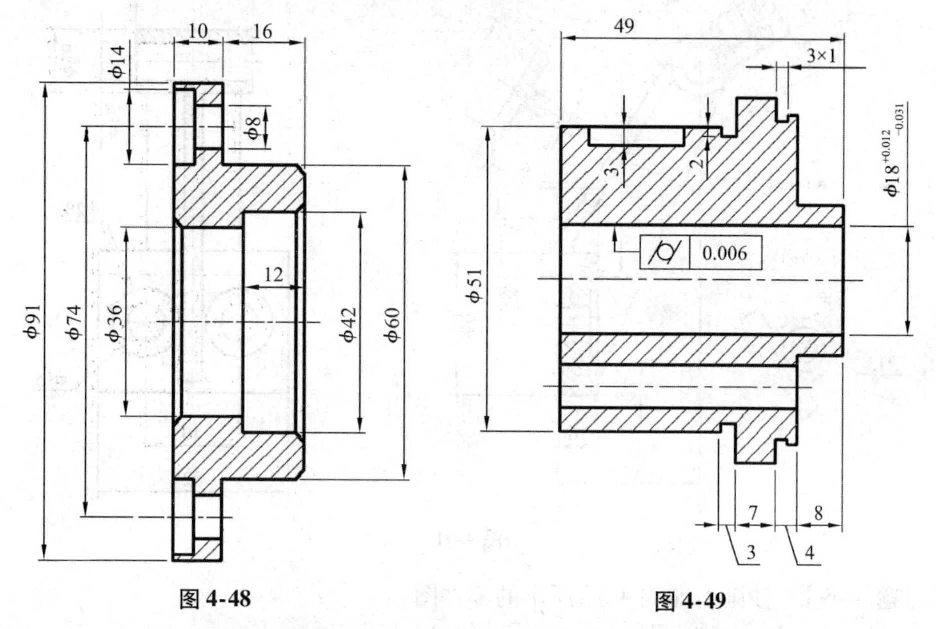

图 4-48 图 4-49

【习题 4-47】 抄画出如图 4-50 所示的零件图。

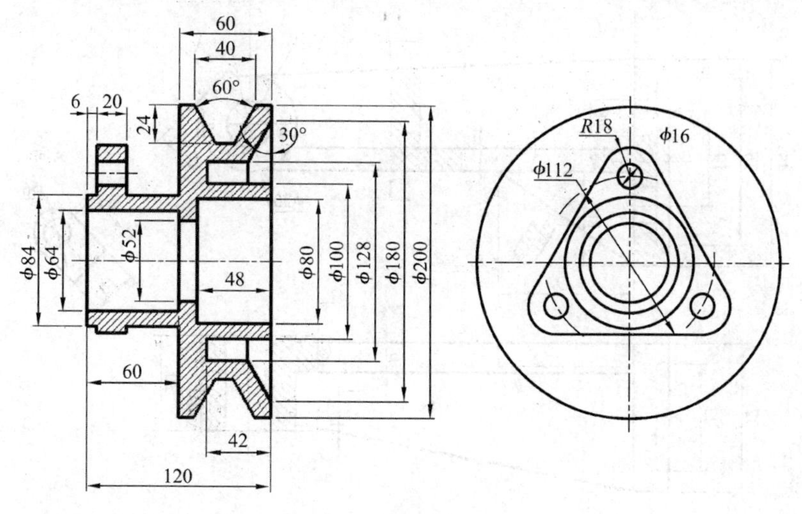

图 4-50

4.6 叉架类零件

叉架类零件相对复杂些，一般要用2～3个视图来表达。叉架类零件一般有较长的薄壁和加强筋，并带有一定的角度，所以常用向视图和断面图来表达。

【习题4-48】 抄画出如图4-51所示的零件图。

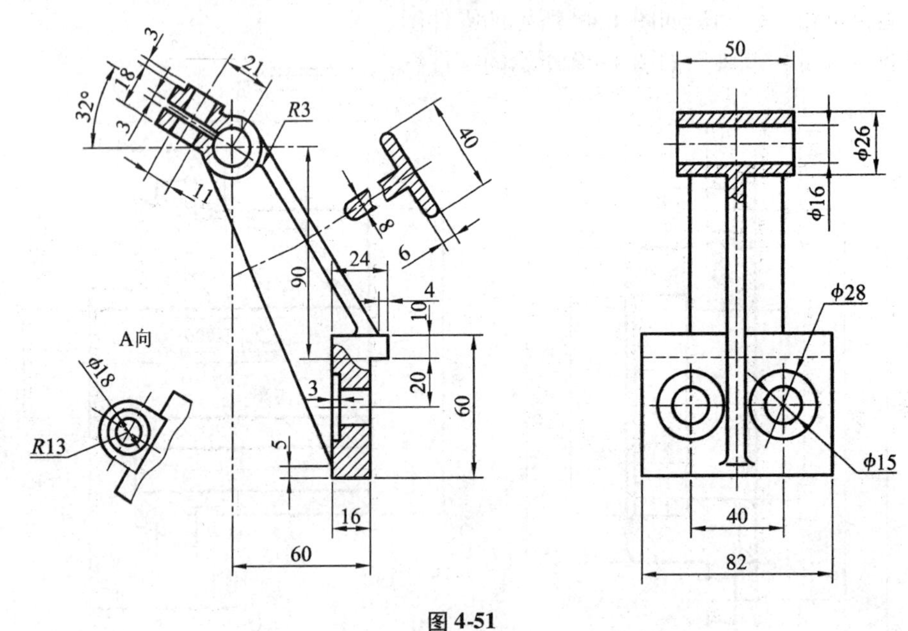

图4-51

【习题4-49】 抄画出如图4-52所示的零件图。

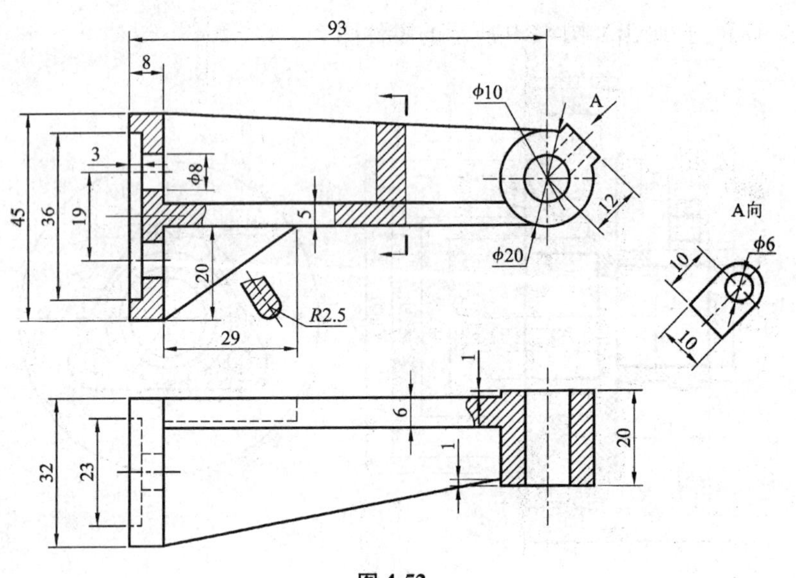

图4-52

4.7　箱体类零件

箱体类零件一般用三个视图来表达，并根据情况常用各种剖视图等。

【习题 4-50】　抄画出如图 4-53 所示的零件图。

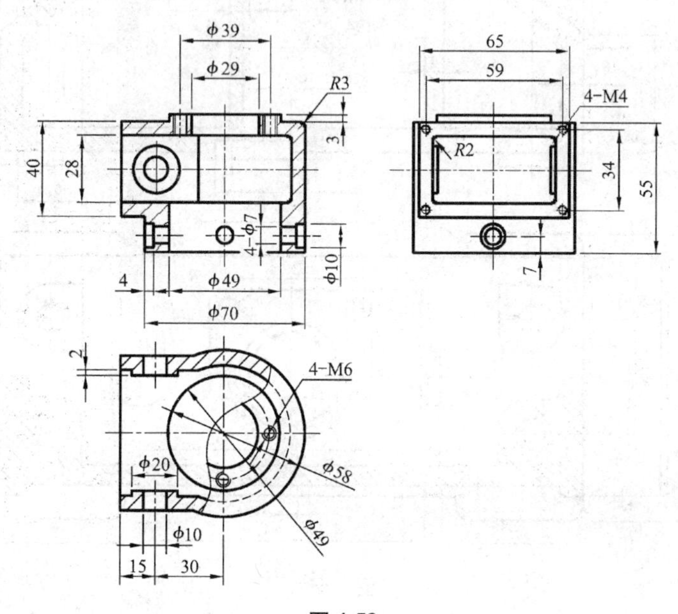

图 4-53

【习题 4-51】　抄画出如图 4-54 所示的零件图。

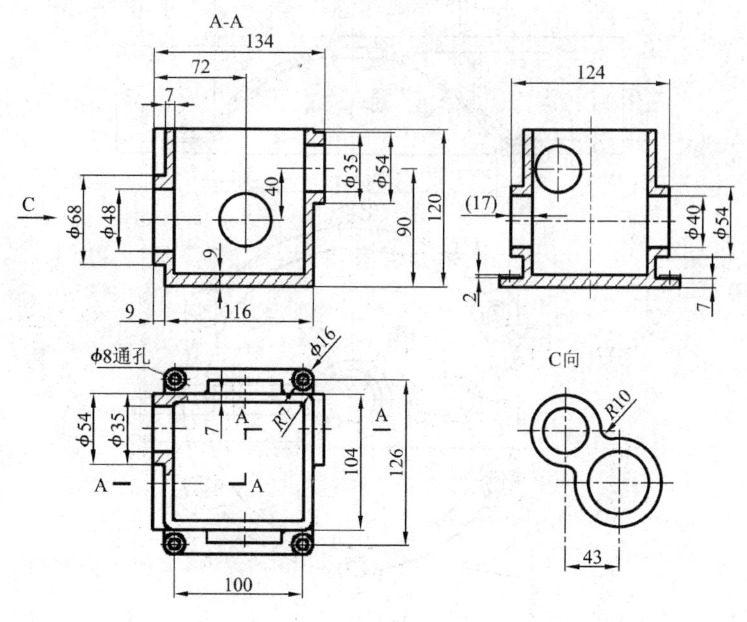

图 4-54

【习题 4-52】 抄画出如图 4-55 所示的零件图。

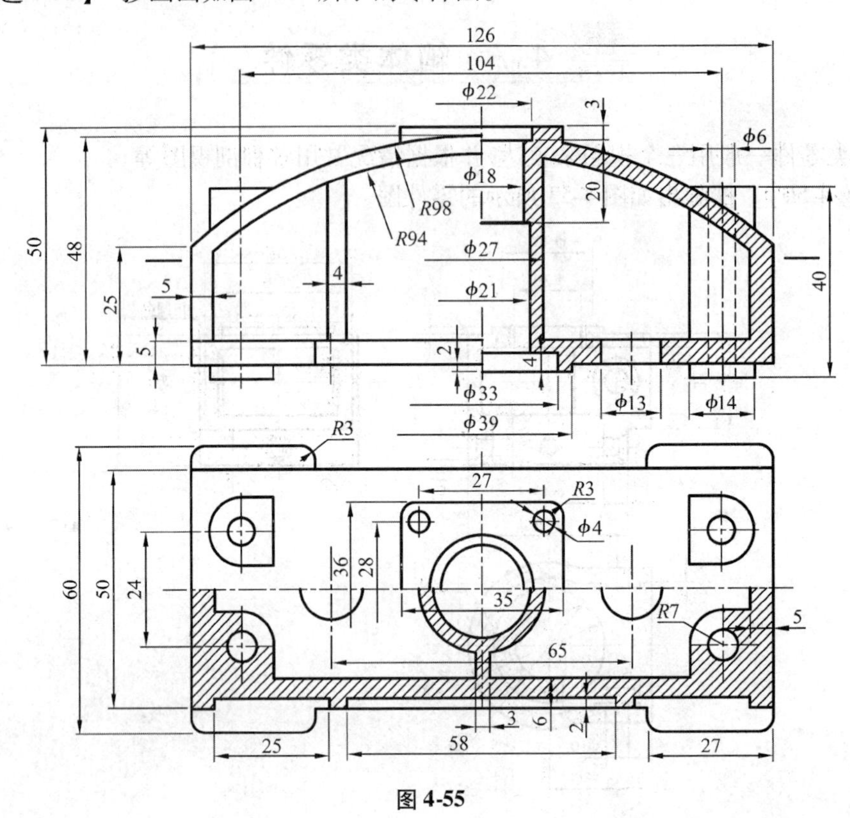

图 4-55

【习题 4-53】 抄画出如图 4-56 所示的零件图。

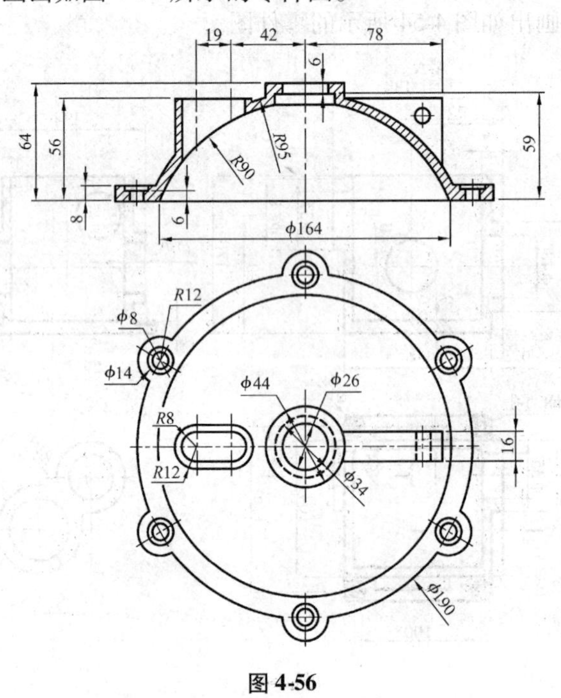

图 4-56

4.8　其他零件

【习题 4-54】　抄画出如图 4-57 所示的零件图。

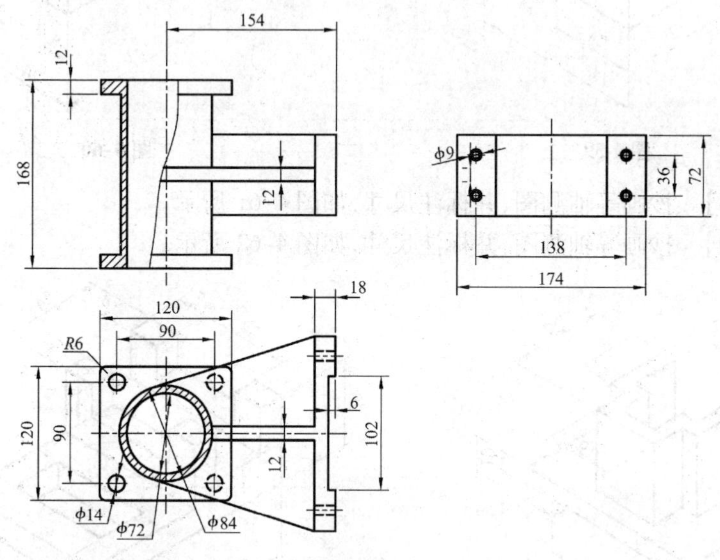

图 4-57

【习题 4-55】　抄画出如图 4-58 所示的零件图。

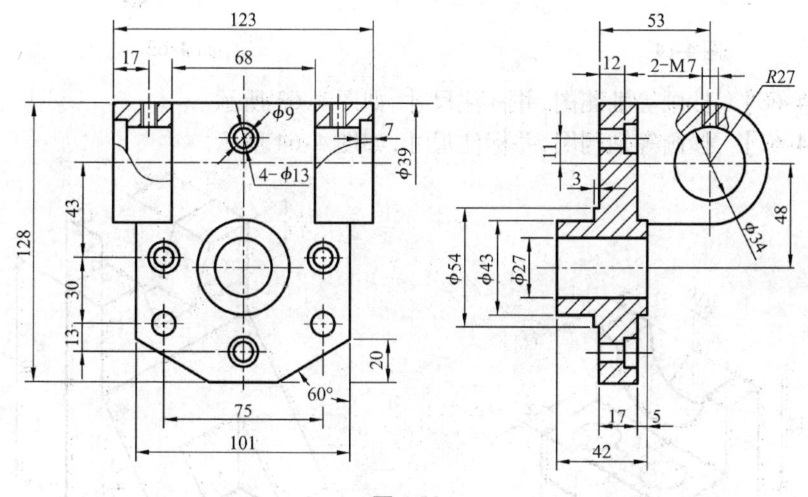

图 4-58

【习题 4-56】　抄画等轴测图，并标注尺寸，如图 4-59 所示。

【习题 4-57】　抄画等轴测图，并标注尺寸，如图 4-60 所示。

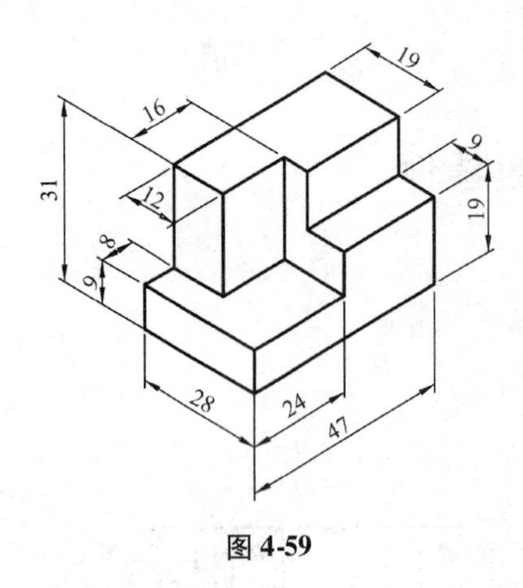

图 4-59

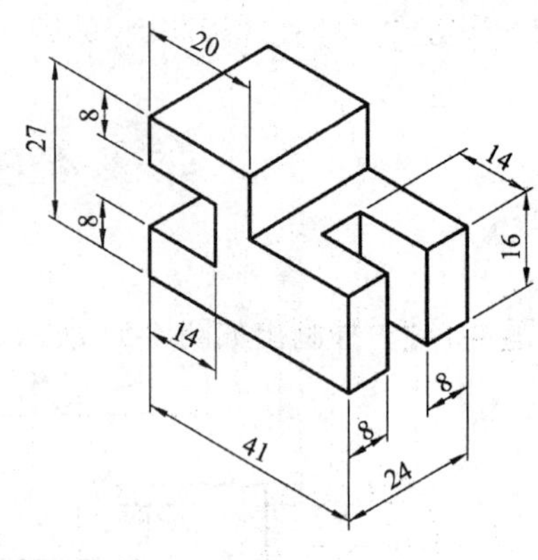

图 4-60

【习题 4-58】 抄画等轴测图,并标注尺寸,如图 4-61 所示。
【习题 4-59】 抄画等轴测图,并标注尺寸,如图 4-62 所示。

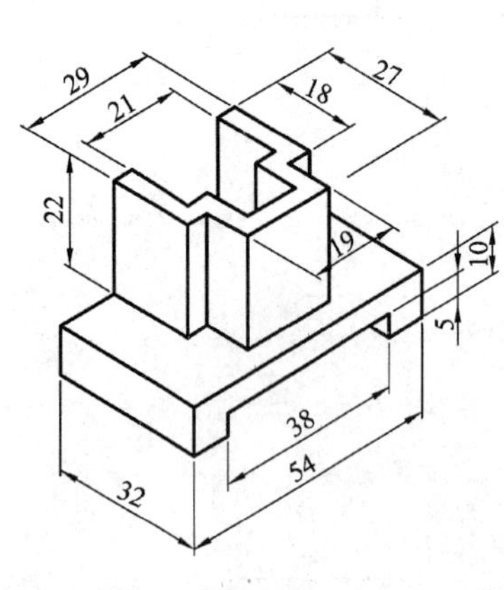

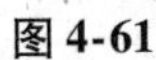
图 4-61

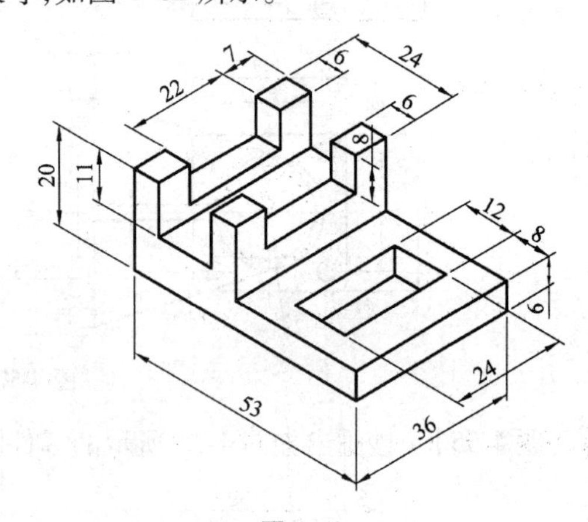

图 4-62

【习题 4-60】 抄画等轴测图,并标注尺寸,如图 4-63 所示。
【习题 4-61】 抄画等轴测图,并标注尺寸,如图 4-64 所示。

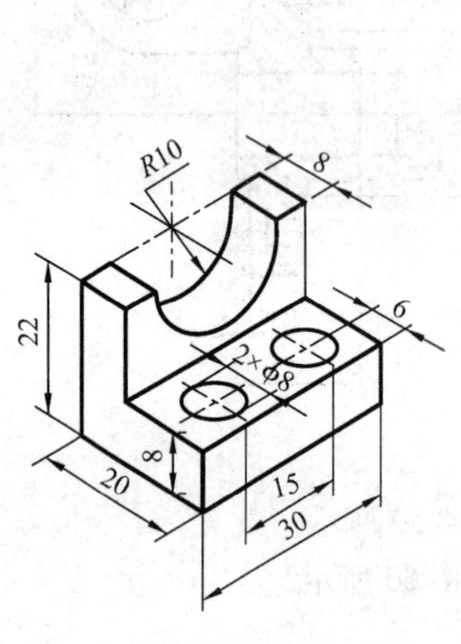

图 4-63

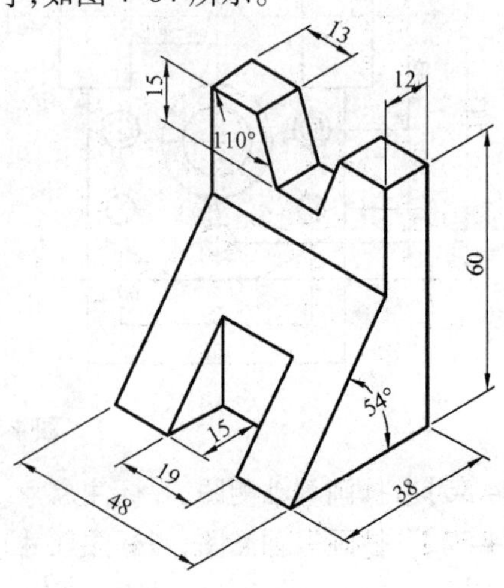

图 4-64

【习题4-62】　抄画等轴测图,如图4-65所示。

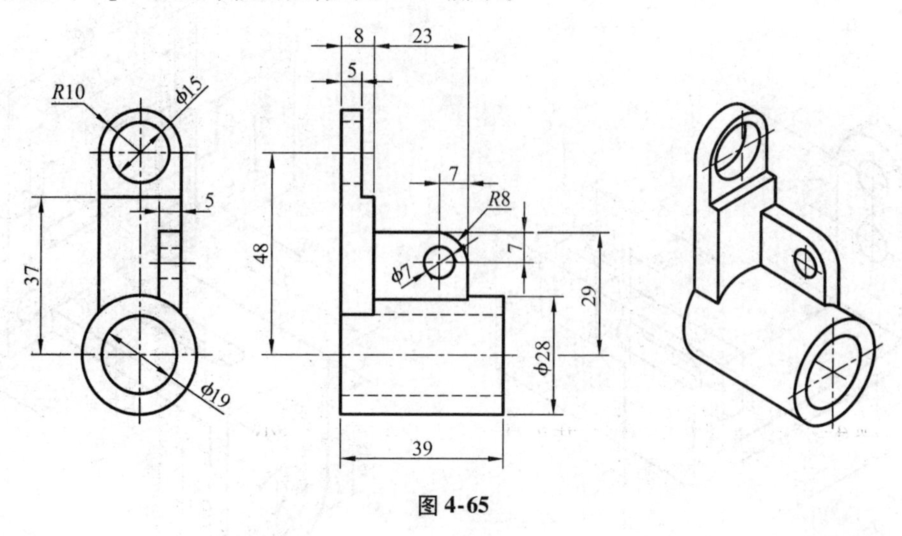

图4-65

【习题4-63】　抄画等轴测图,如图4-66所示。

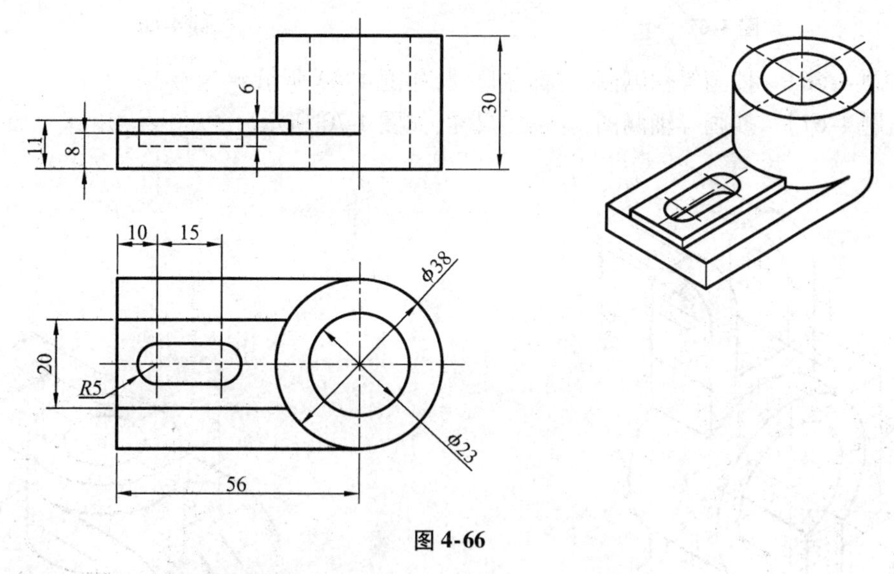

图4-66

【习题4-64】　抄画等轴测图,并标注尺寸,如图4-67所示。

【习题4-65】　抄画等轴测图,并标注尺寸,如图4-68所示。

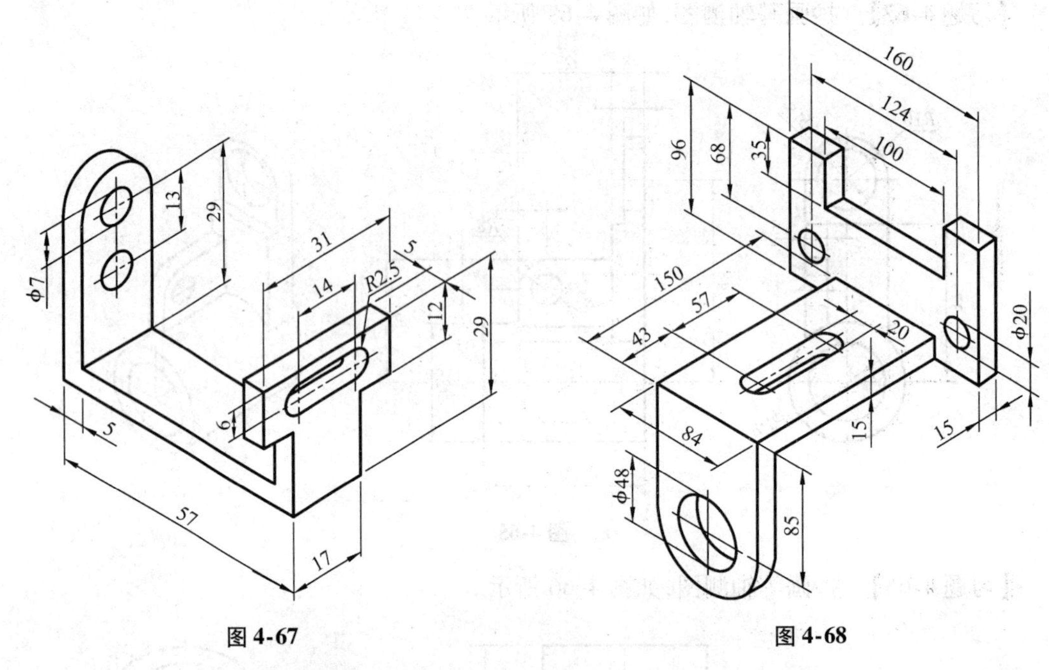

图 4-67 图 4-68

【习题 4-66】 抄画等轴测图,并标注尺寸,如图 4-69 所示。

【习题 4-67】 抄画等轴测图,并标注尺寸,如图 4-70 所示。

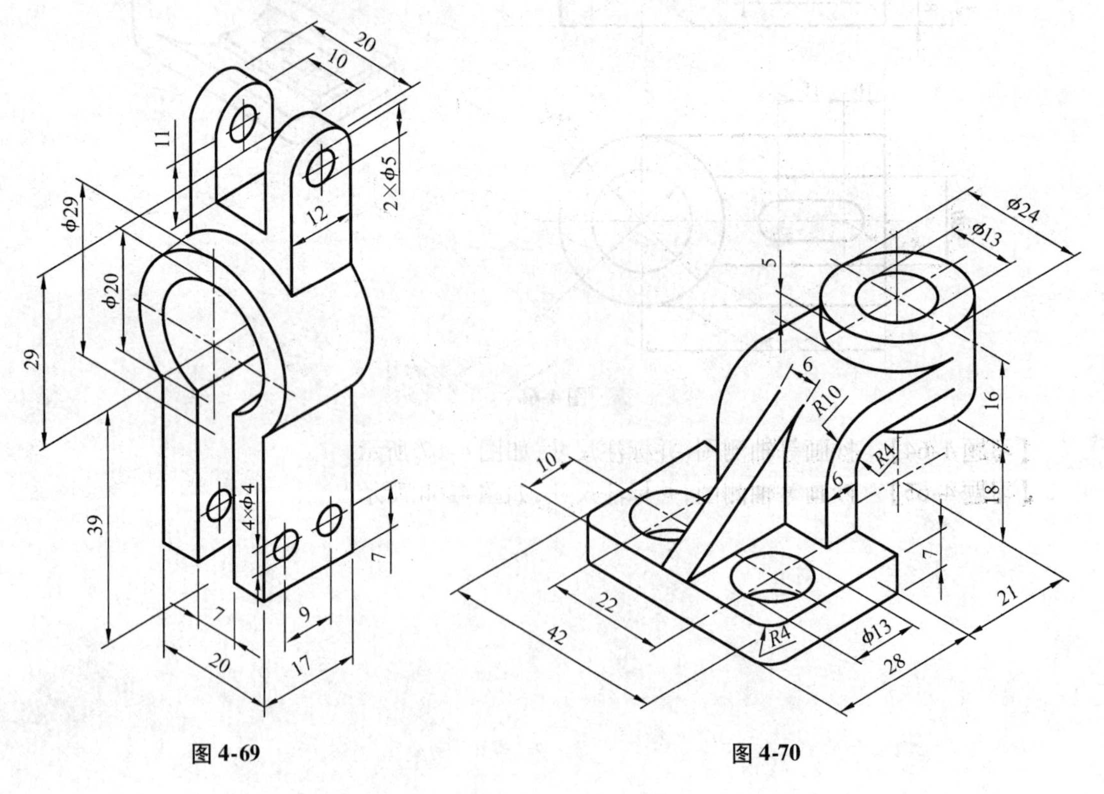

图 4-69 图 4-70

【习题4-68】　抄画等轴测图,并标注尺寸,如图4-71所示。

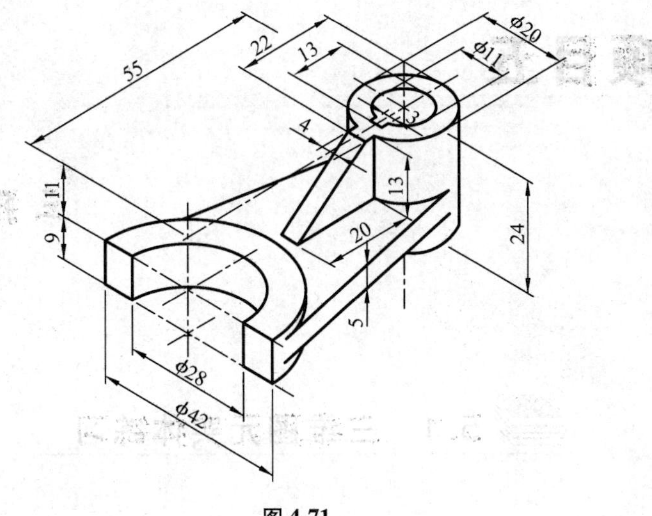

图4-71

【习题4-69】　抄画等轴测图,并标注,如图4-72所示。

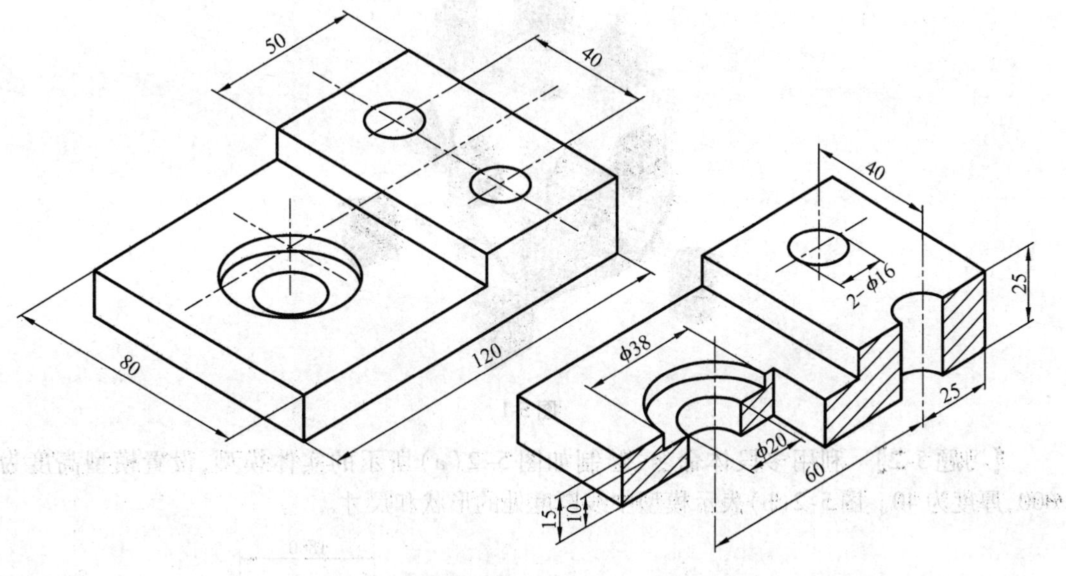

图4-72

项目五

三维绘图练习

5.1 三维图元实体练习

【习题5-1】 绘制如图5-1所示的积木的三维图形,形状尺寸为30~50,厚度为60。

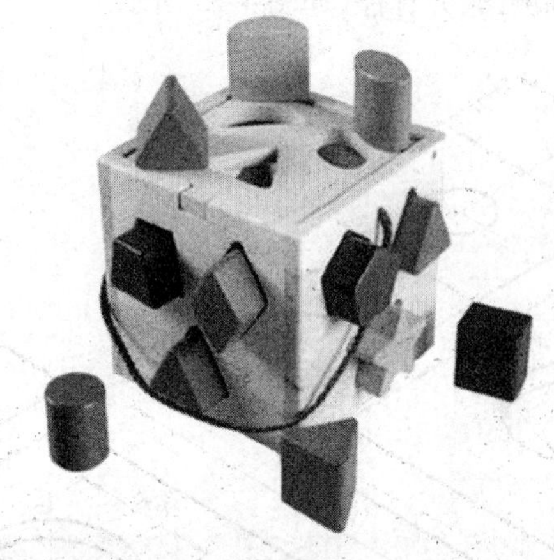

图5-1

【习题5-2】 利用多段体命令,绘制如图5-2(a)所示的实体模型,设置模型高度为600,厚度为40。图5-2(b)表示模型中线厚度处的形状和尺寸。

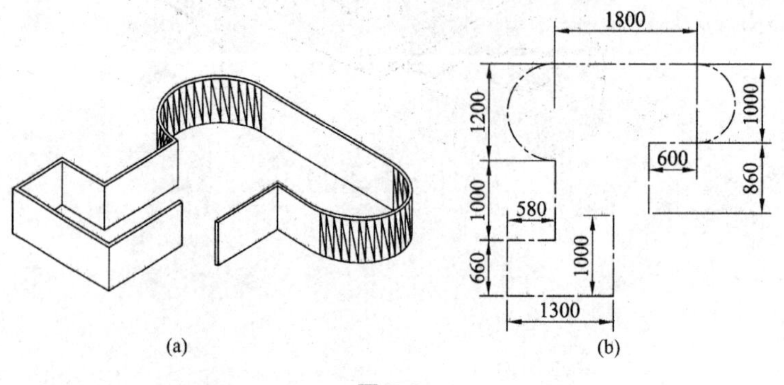

图5-2

5.2　从二维几何图形或其他三维对象创建三维实体

【习题 5-3】　绘制如图 5-3 所示的三维零件实体。

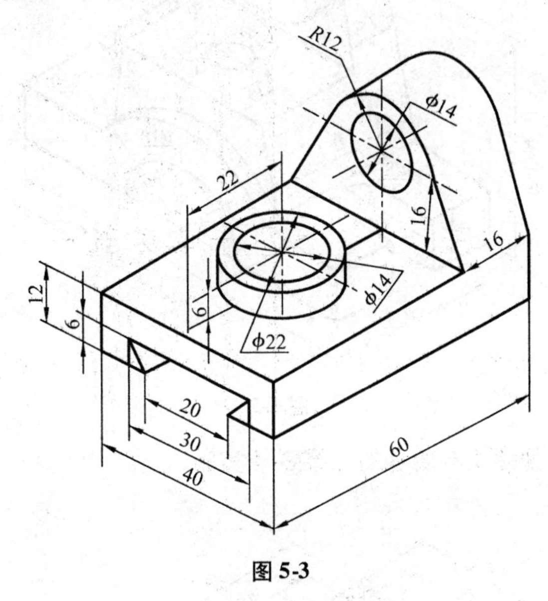

图 5-3

【习题 5-4】　绘制如图 5-4 所示的三维零件实体。

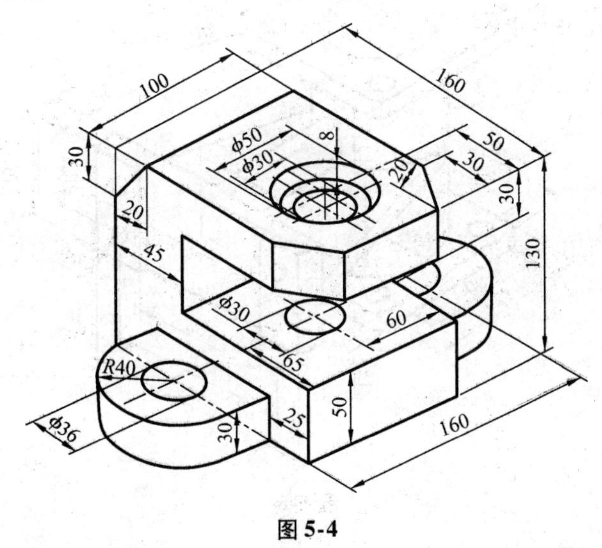

图 5-4

【习题 5-5】 绘制如图 5-5 所示的三维零件实体。

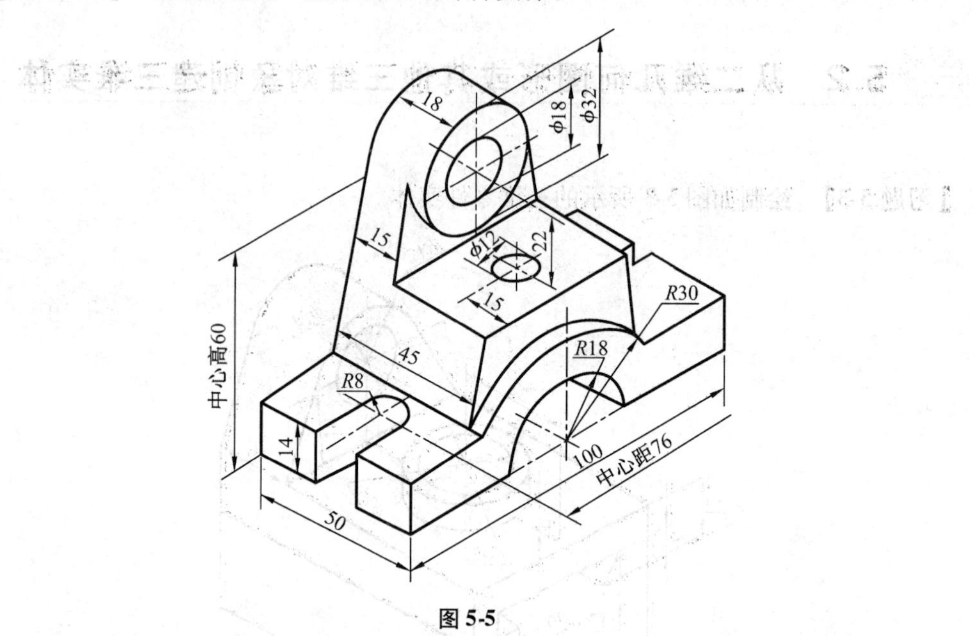

图 5-5

【习题 5-6】 绘制如图 5-6 所示的三维零件实体。

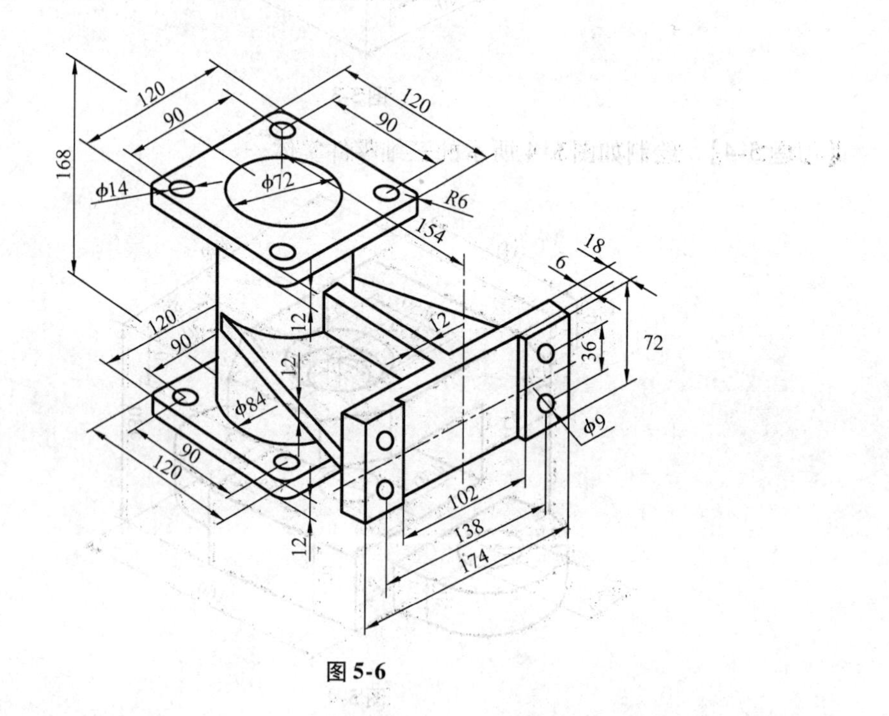

图 5-6

【习题5-7】　绘制如图5-7所示的三维零件实体。

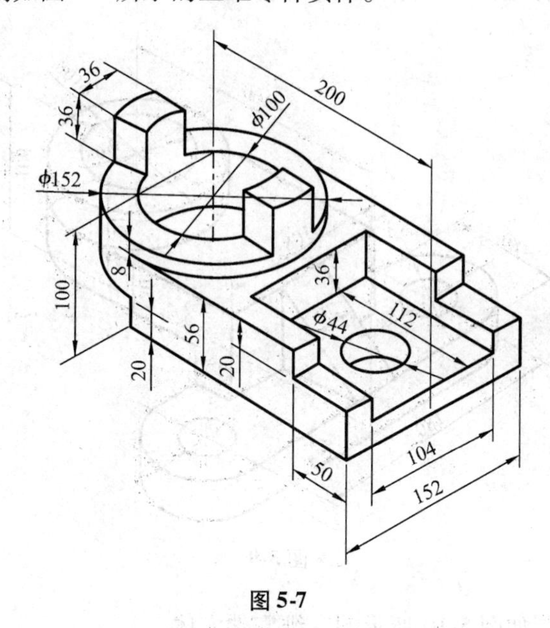

图 5-7

【习题5-8】　绘制如图5-8所示的三维零件实体。

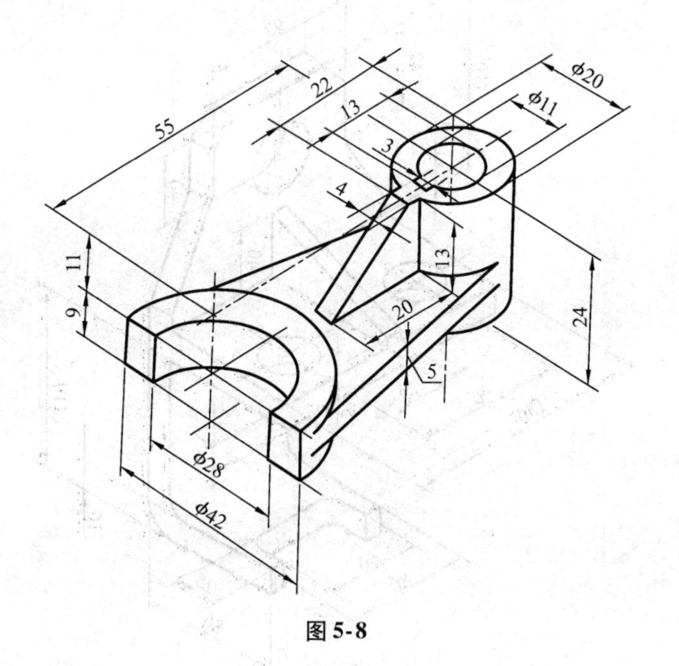

图 5-8

【习题 5-9】 绘制如图 5-9 所示的三维零件实体。

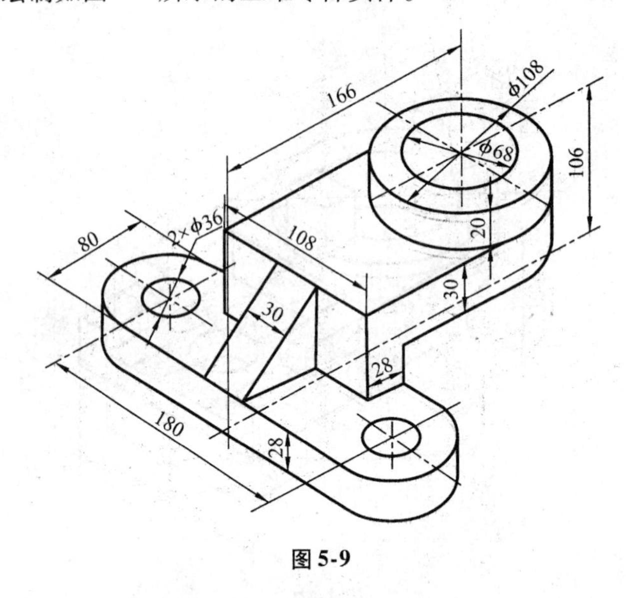

图 5-9

【习题 5-10】 绘制如图 5-10 所示的三维零件实体。

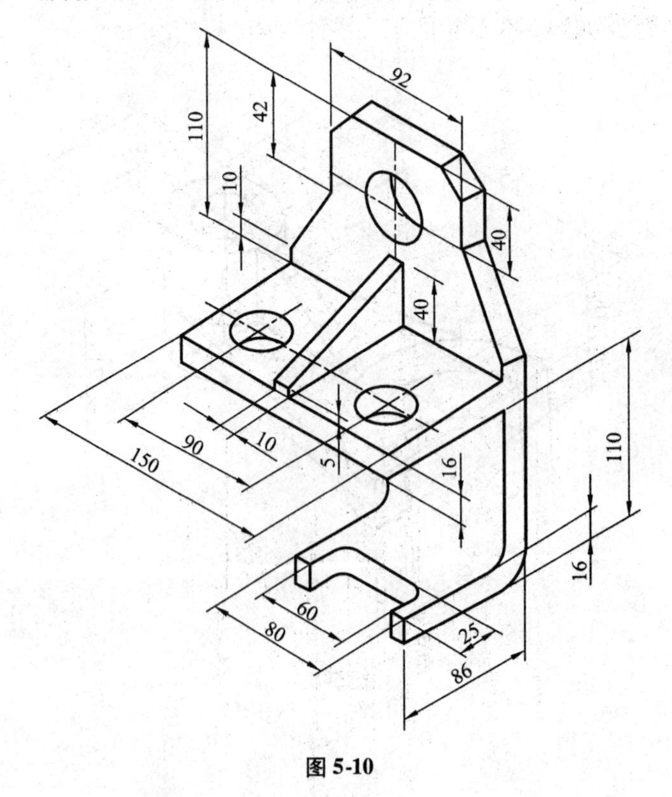

图 5-10

【习题 5-11】 绘制如图 5-11 所示的三维零件实体。

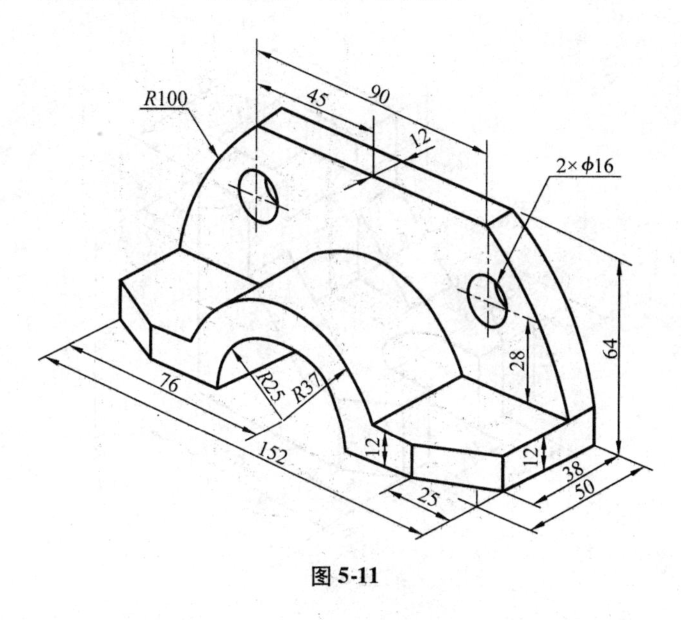

图 5-11

【习题 5-12】 绘制如图 5-12 所示的三维零件实体。

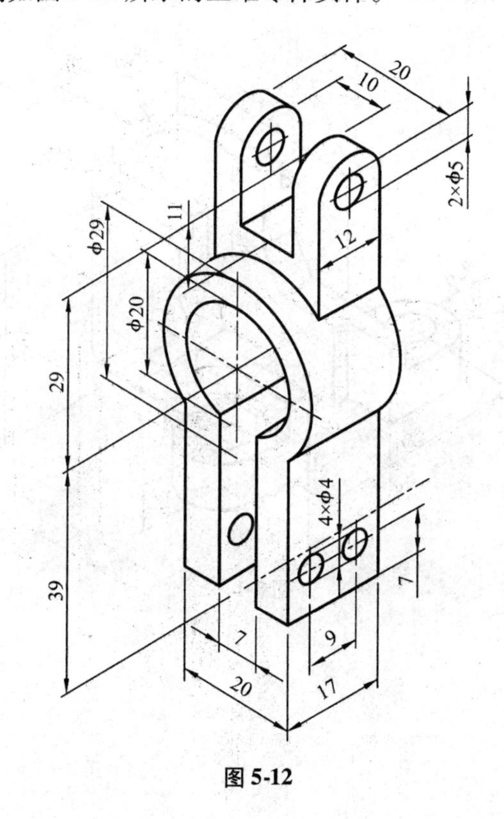

图 5-12

【习题 5-13】 绘制如图 5-13 所示的三维零件实体。

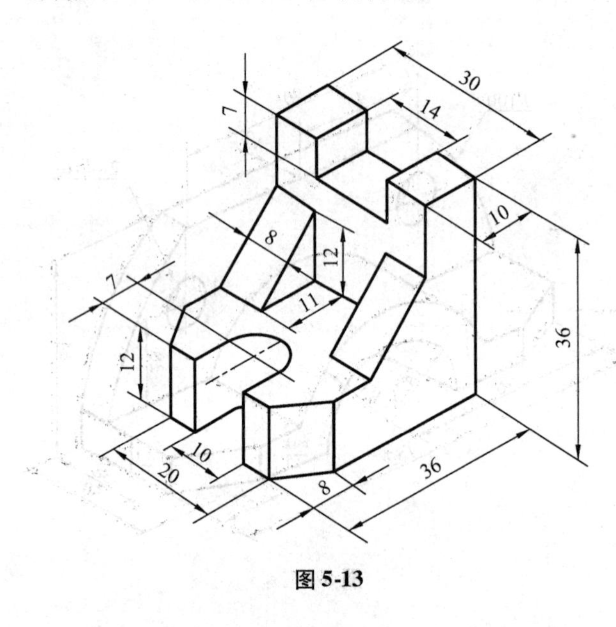

图 5-13

【习题 5-14】 绘制如图 5-14 所示的三维零件实体。

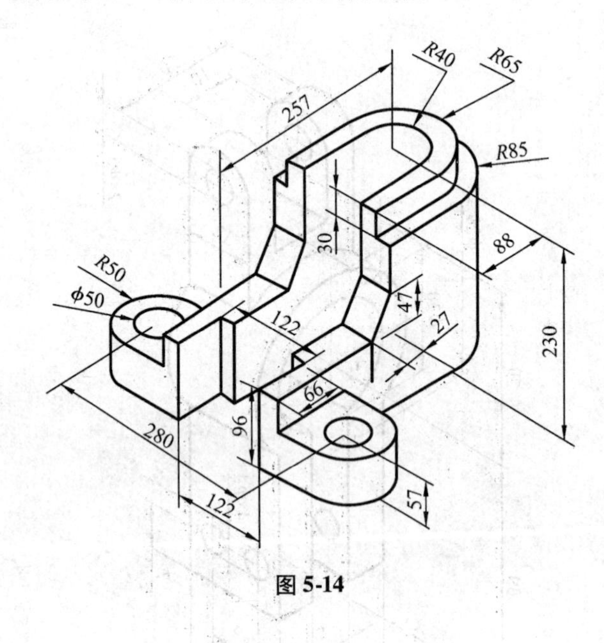

图 5-14

【习题 5-15】 绘制如图 5-15 所示的三维零件实体。

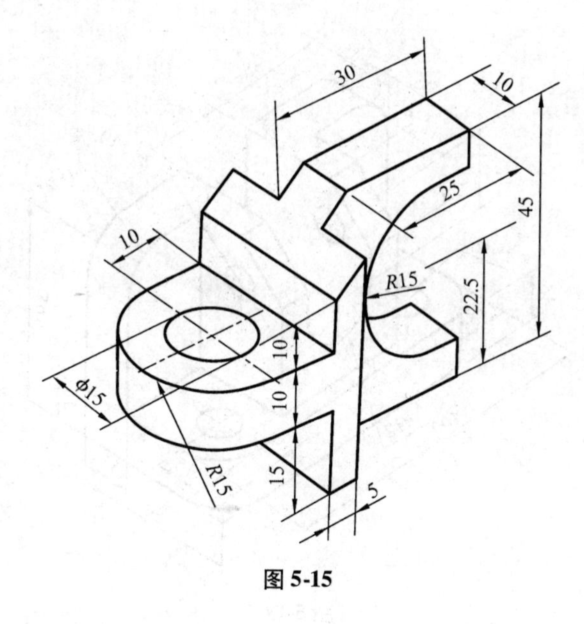

图 5-15

【习题 5-16】 绘制如图 5-16 所示的三维零件实体。

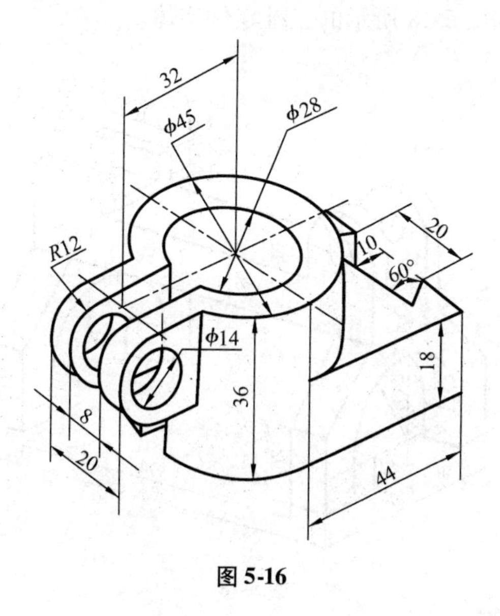

图 5-16

【习题 5-17】 绘制如图 5-17 所示的三维零件实体。

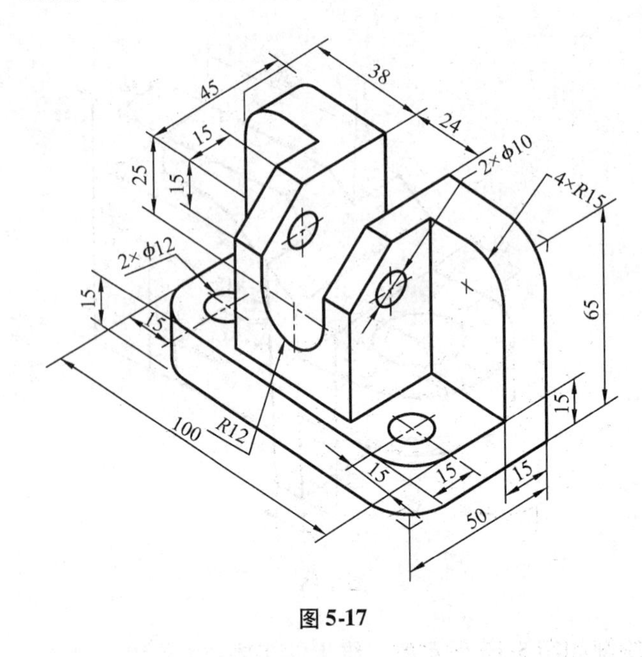

图 5-17

【习题 5-18】 绘制如图 5-18 所示的三维零件实体。

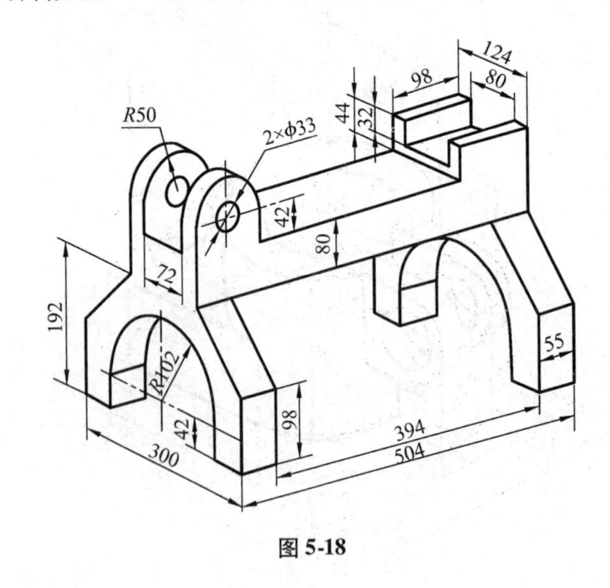

图 5-18

【习题5-19】 绘制如图5-19所示的三维零件实体。

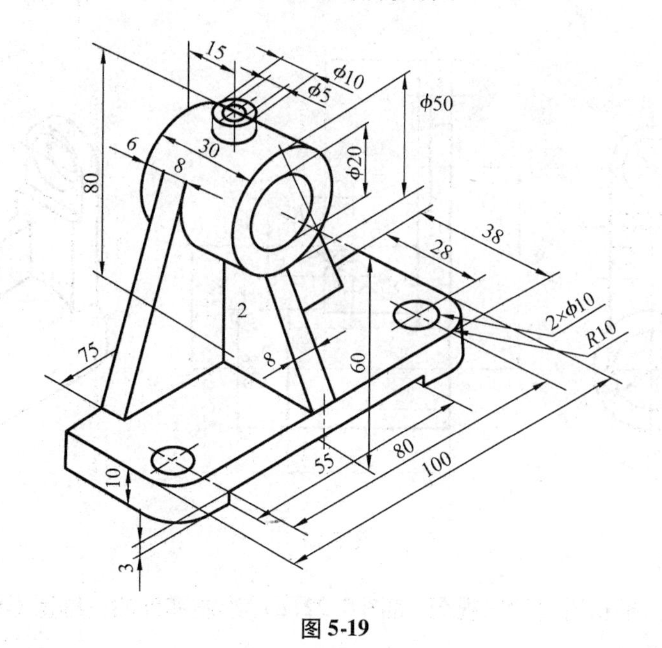

图5-19

【习题5-20】 绘制如图5-20所示的三维零件实体。

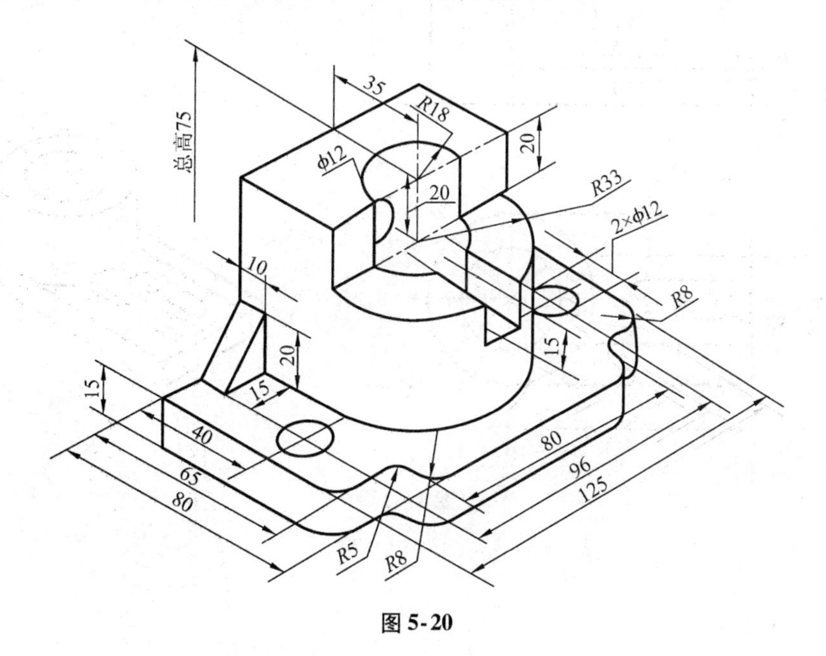

图5-20

【习题 5-21】 根据所给的三视图[如图 5-21(a)]绘制零件的三维图形[如图 5-21(b)]。

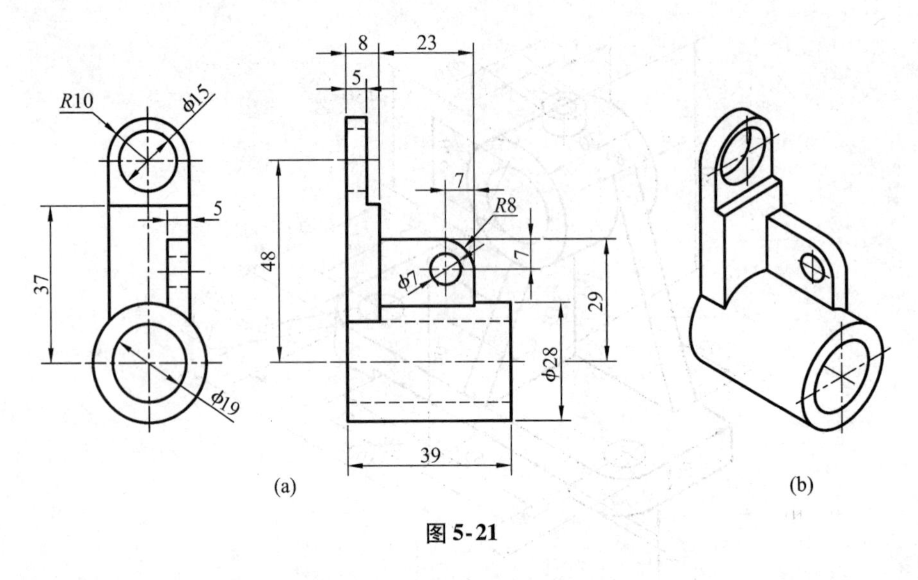

图 5-21

【习题 5-22】 根据所给的三视图[如图 5-22(a)]绘制零件的三维图形[如图 5-22(b)]。

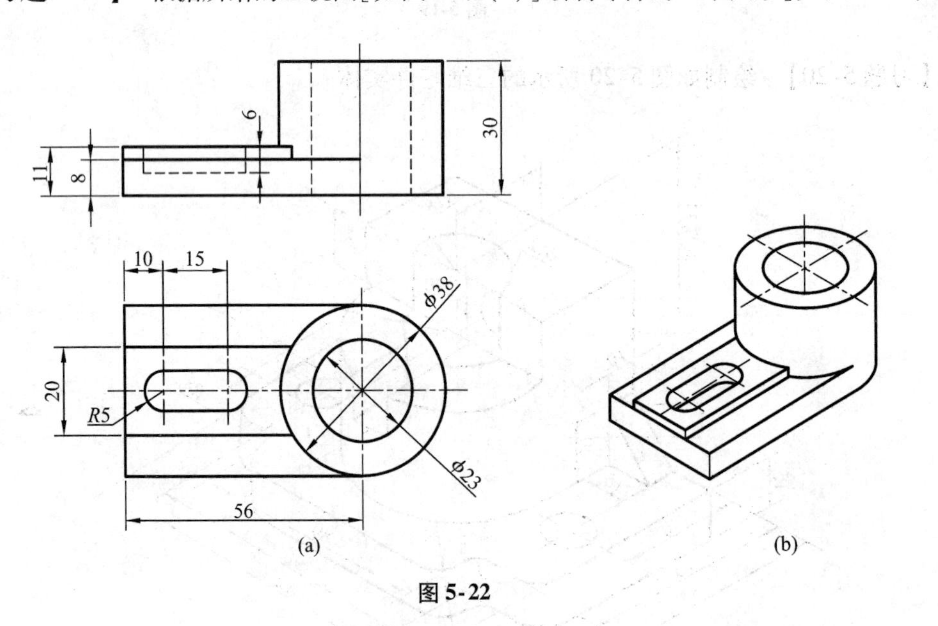

图 5-22

【习题5-23】　根据所给的三视图(如图5-23)绘制零件的三维图形。

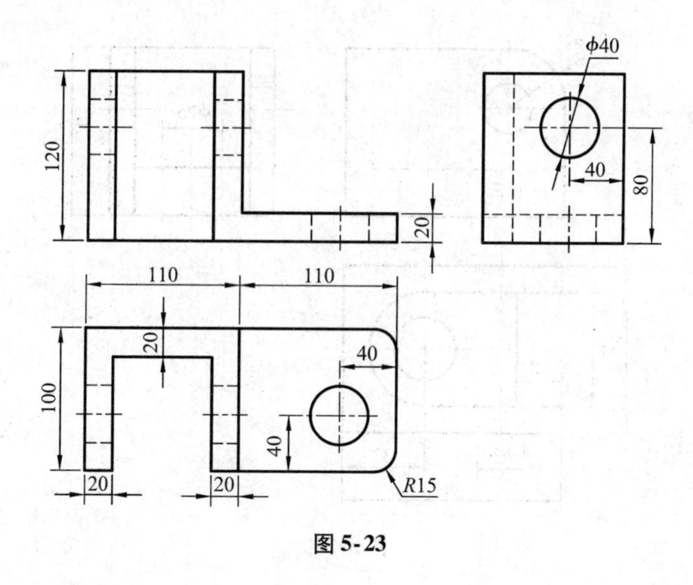

图5-23

【习题5-24】　根据所给的三视图[如图5-24(a)]绘制零件的三维图形[如图5-24(b)]。

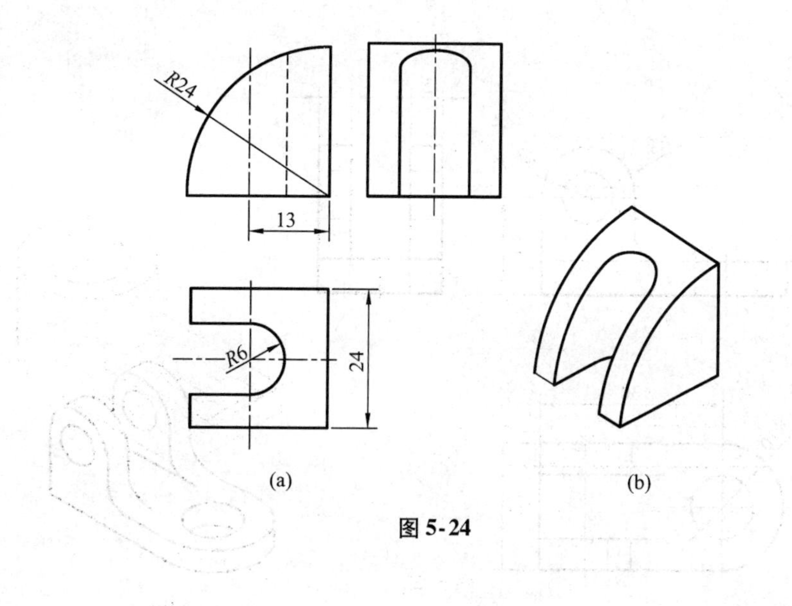

(a)　(b)

图5-24

【习题 5-25】 根据所给的三视图(如图 5-25)绘制零件的三维图形。

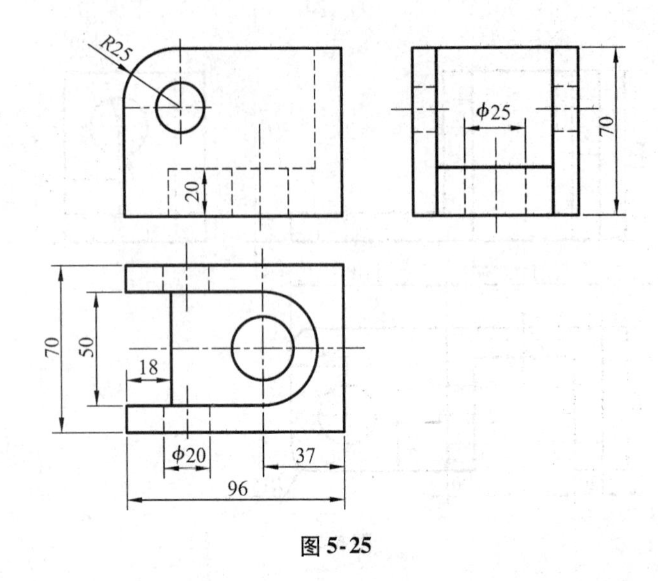

图 5-25

【习题 5-26】 根据所给的三视图[如图 5-26(a)]绘制零件的三维图形[如图 5-26(b)]。

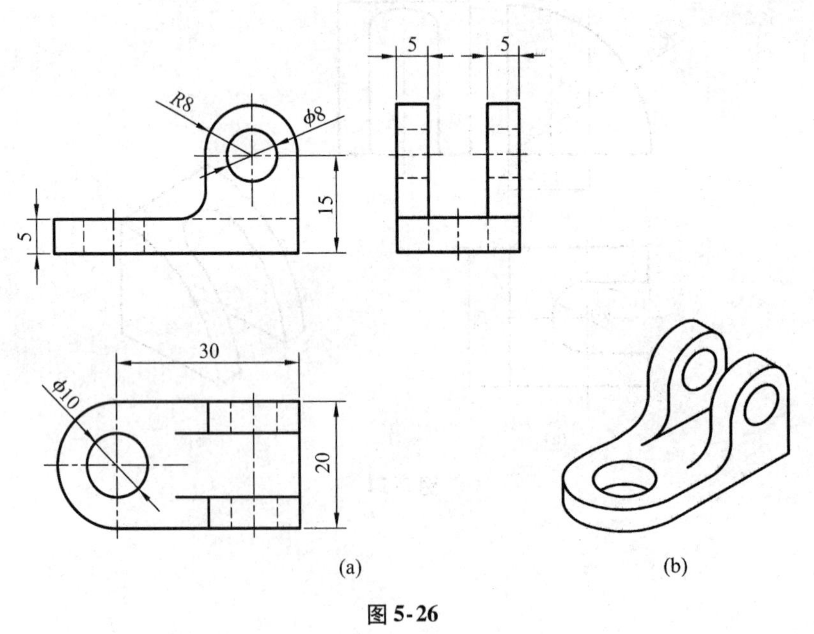

图 5-26

【习题 5-27】　根据所给的三视图(如图 5-27)绘制零件的三维图形。

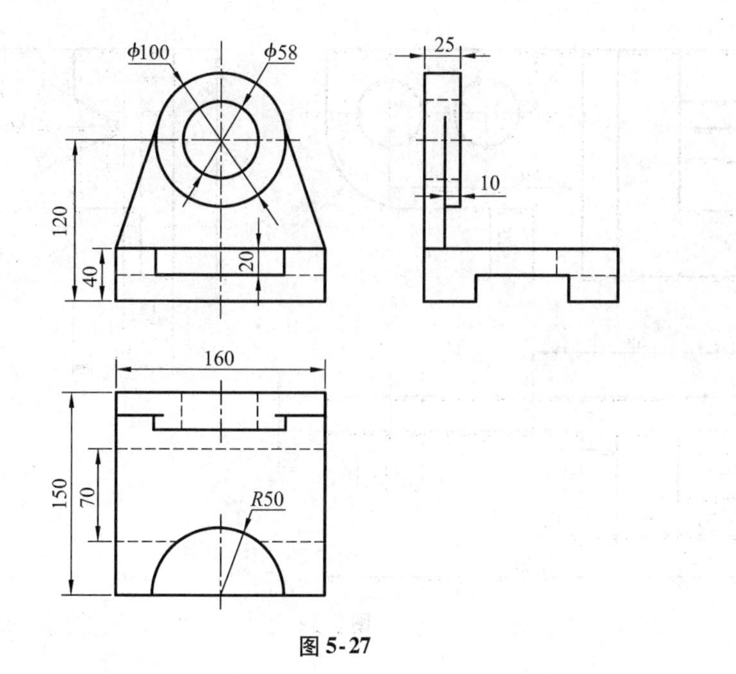

图 5-27

【习题 5-28】　根据所给的三视图(如图 5-28)绘制零件的三维图形。

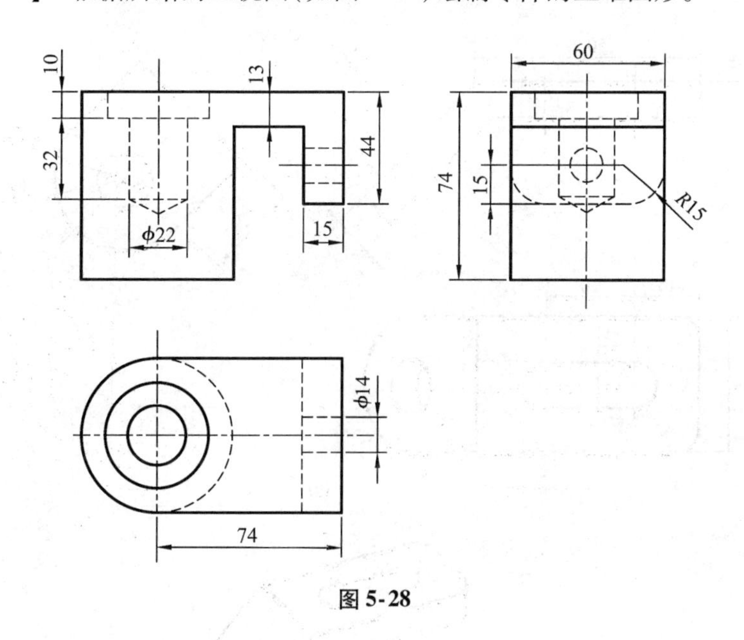

图 5-28

【习题 5-29】 根据所给的三视图(如图 5-29)绘制零件的三维图形。

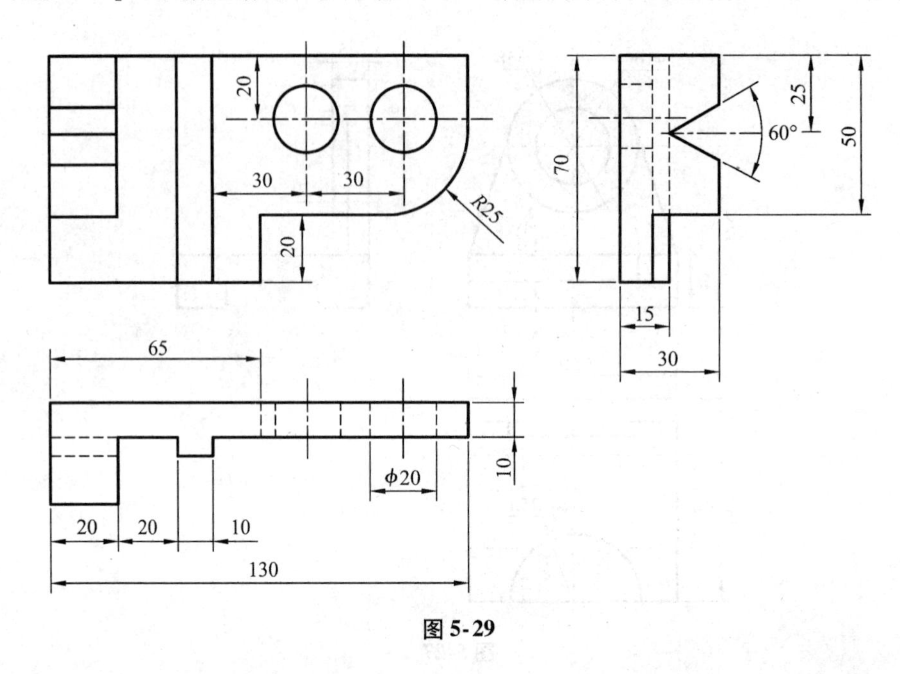

图 5-29

【习题 5-30】 根据所给的三视图[如图 5-30(a)]绘制零件的三维图形[如图 5-30(b)]。

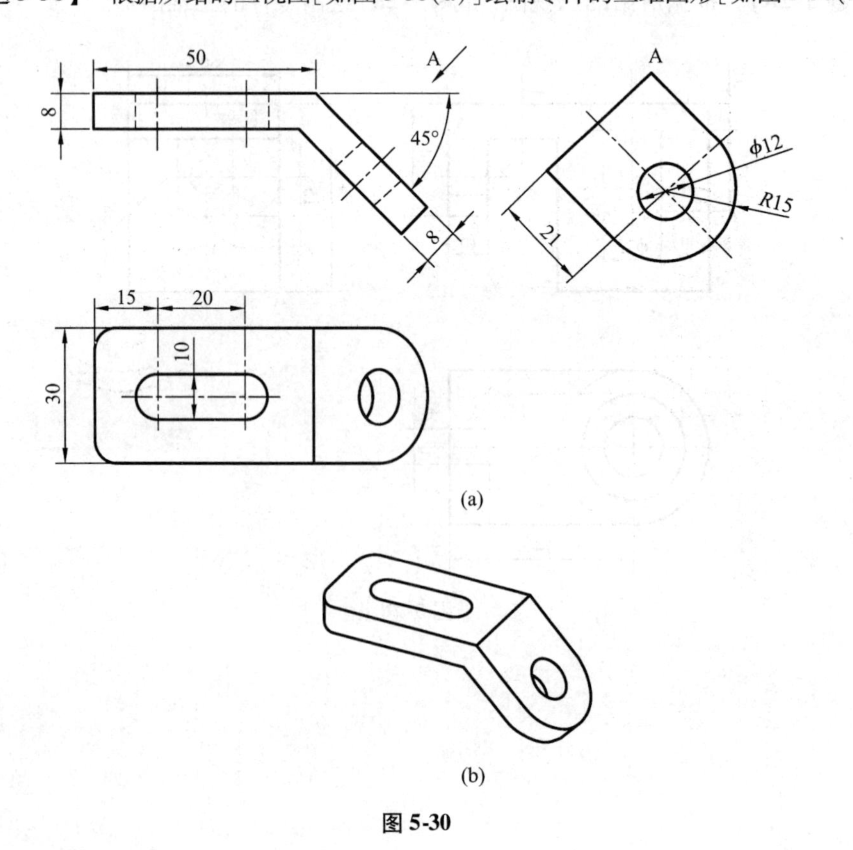

图 5-30

【习题 5-31】 根据所给的三视图(如图 5-31)绘制零件的三维图形。

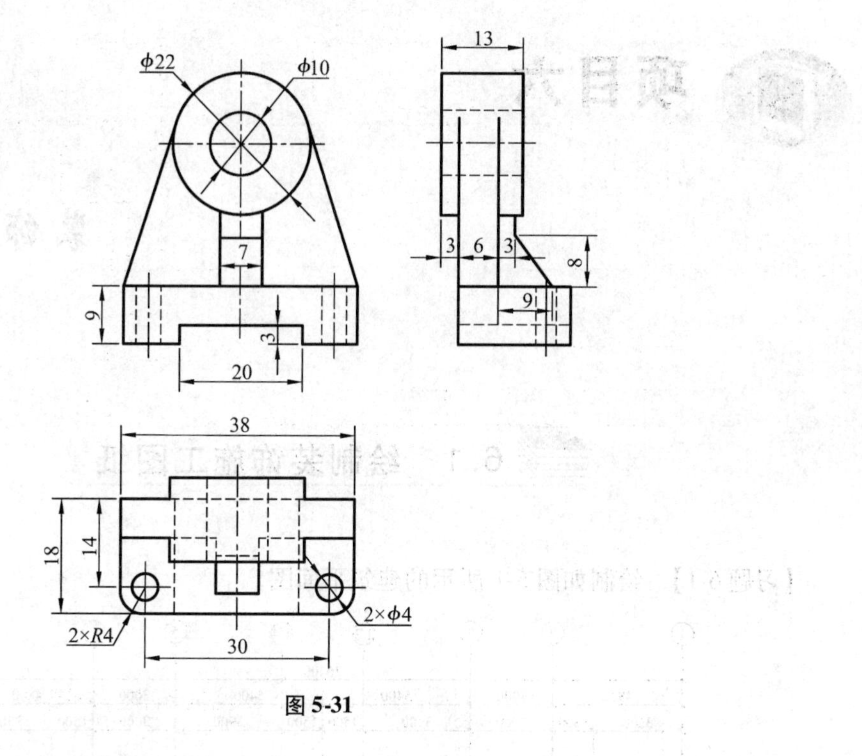

图 5-31

【习题 5-32】 根据所给的三视图[如图 5-32(a)]绘制零件的三维图形[如图 5-32(b)]。

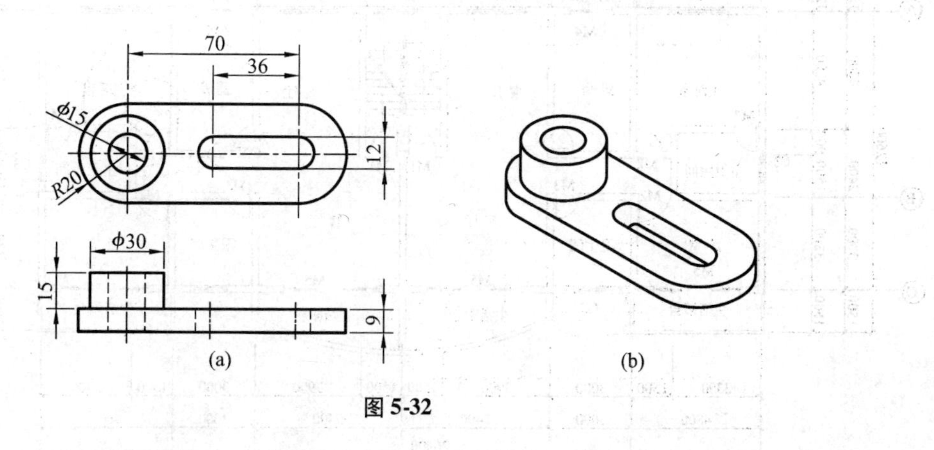

图 5-32

项目六

装饰施工图纸

6.1 绘制装饰施工图纸

【习题6-1】 绘制如图6-1所示的建筑平面图。

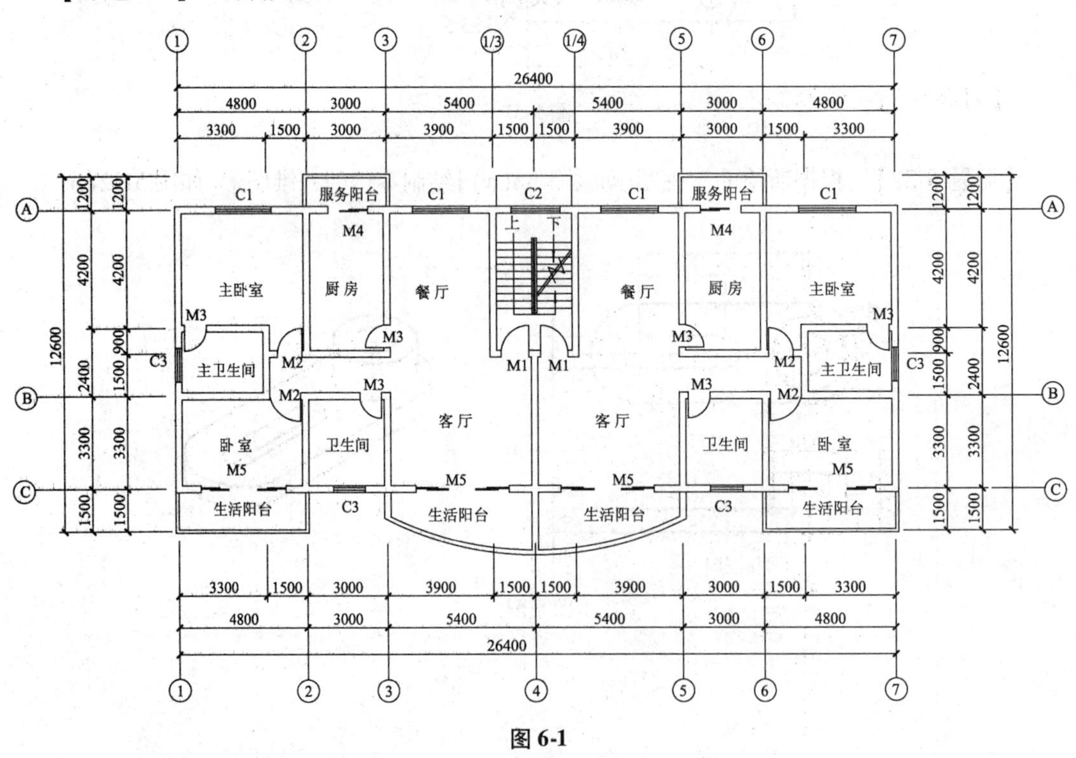

图 6-1

【习题 6-2】 绘制如图 6-2 所示的建筑立面图。

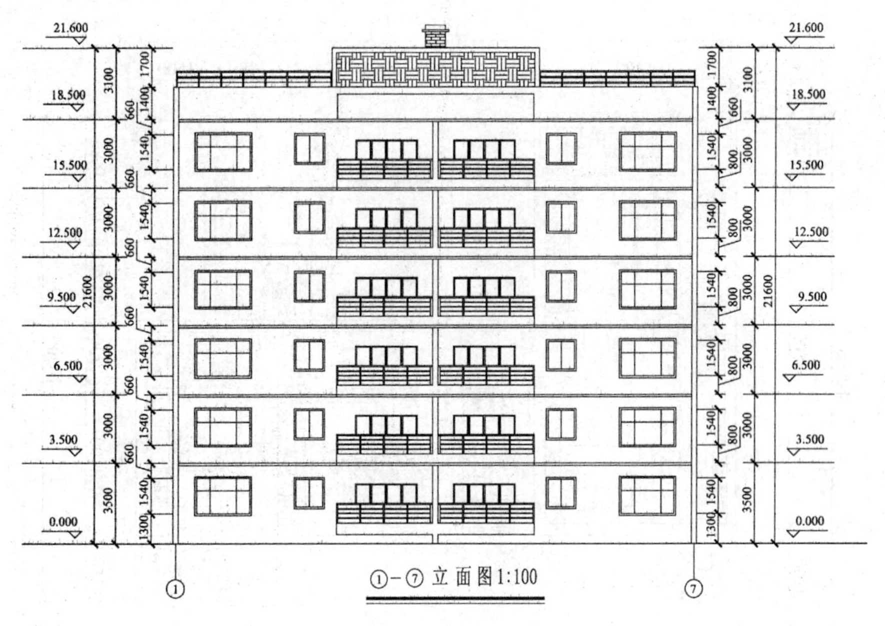

图 6-2

【习题 6-3】 绘制如图 6-3 所示的建筑剖面图。

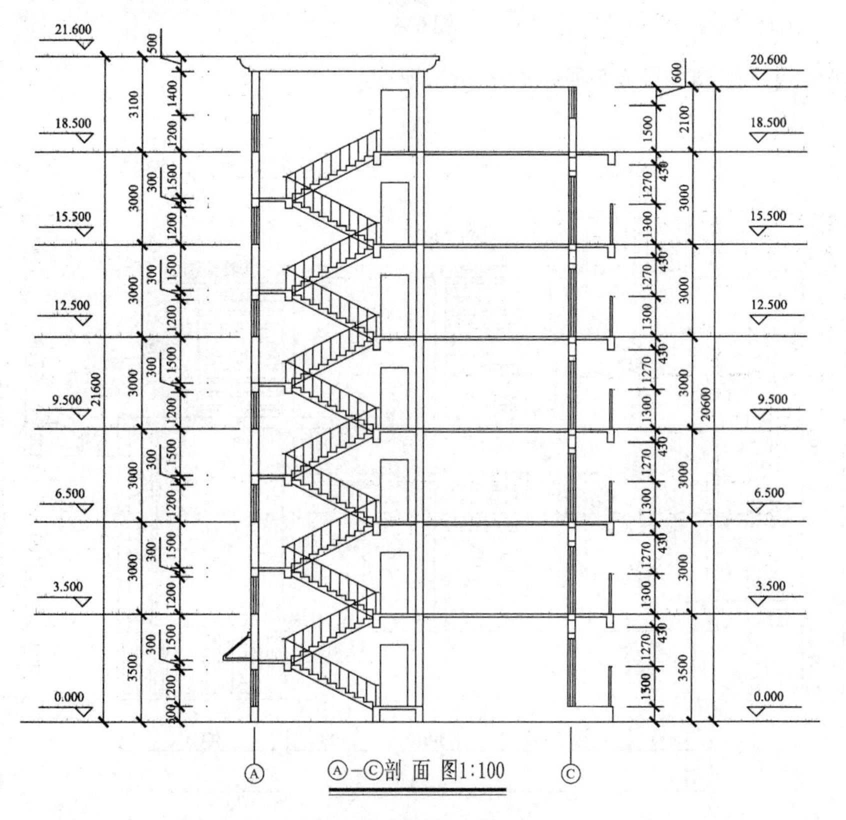

图 6-3

【习题 6-4】 绘制如图 6-4 所示的平面布置图。

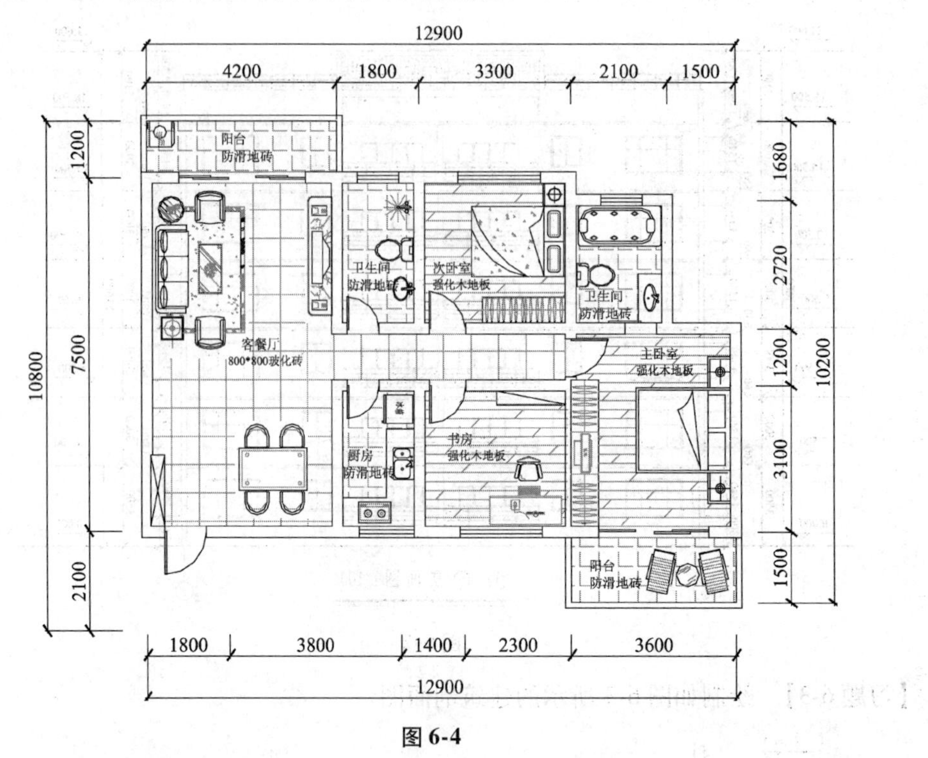

图 6-4

【习题 6-5】 绘制如图 6-5 所示的天花布置图。

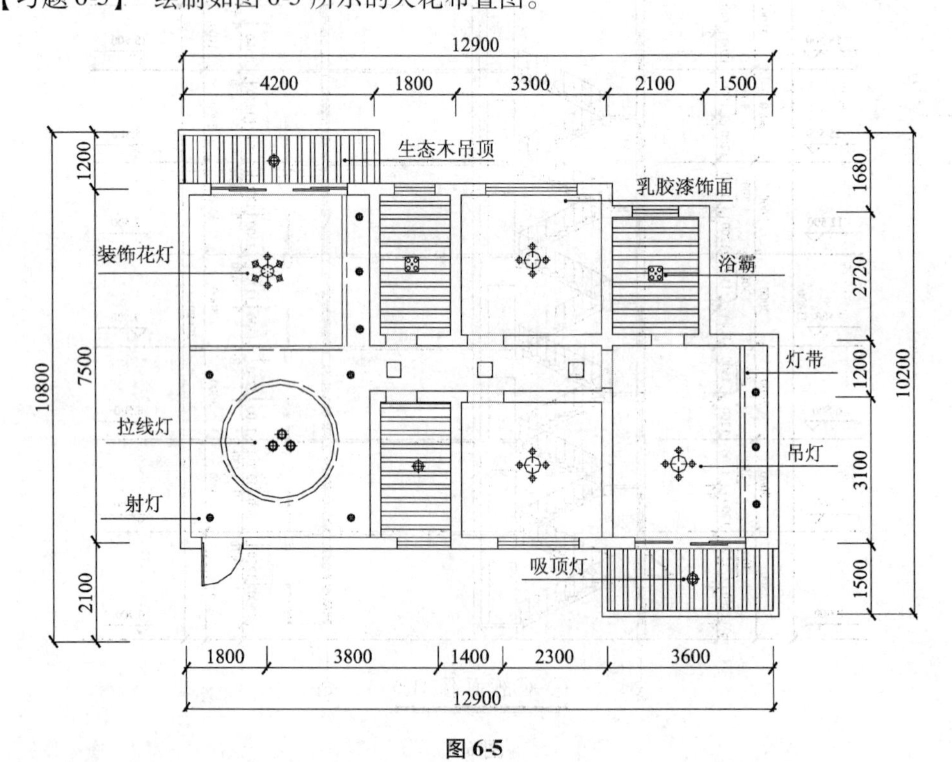

图 6-5

【习题6-6】 绘制如图 6-6 所示的茶楼平面布置图。

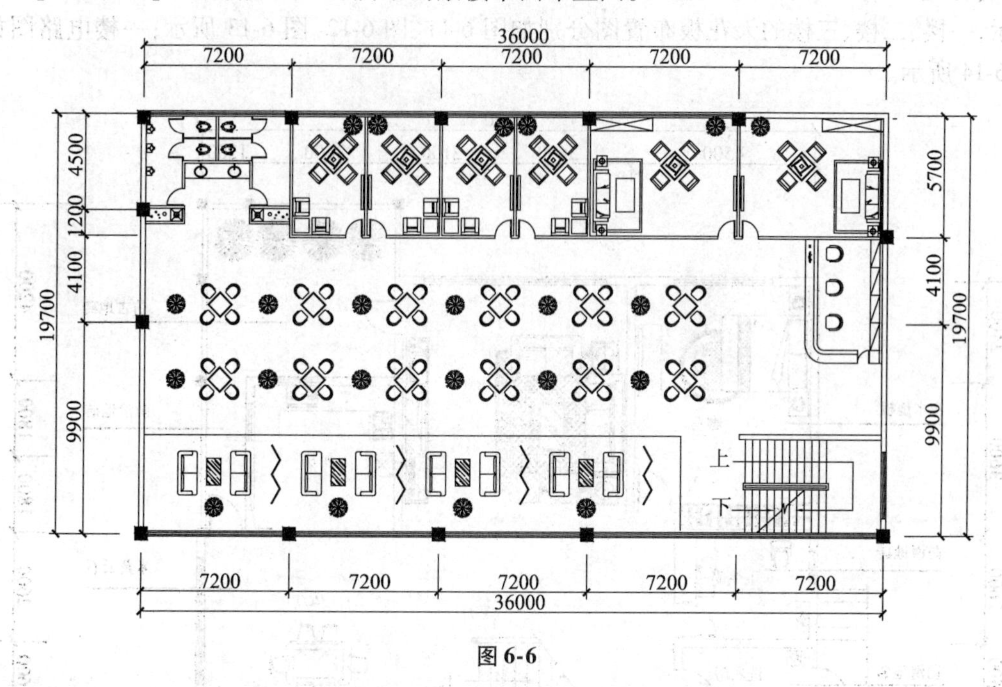

图 6-6

【习题 6-7】 绘制如图 6-7 所示的茶楼天花板布置图。

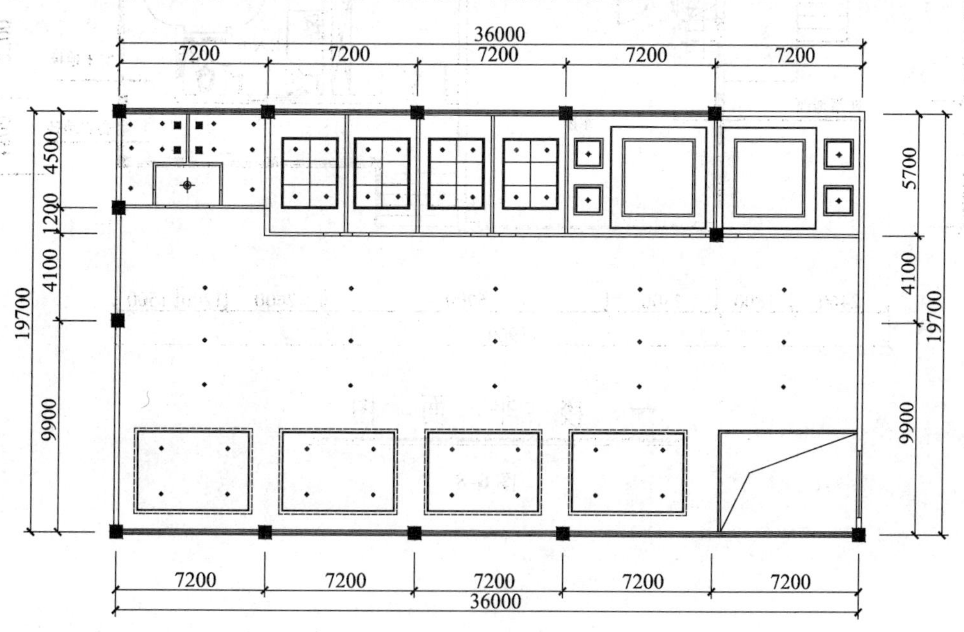

图 6-7

【习题 6-8】 绘制别墅施工图。一楼、二楼、三楼的平面图分别如图 6-8、图 6-9、图 6-10 所示；一楼、二楼、三楼的天花板布置图分别如图 6-11、图 6-12、图 6-13 所示；一楼电路图如图 6-14 所示。

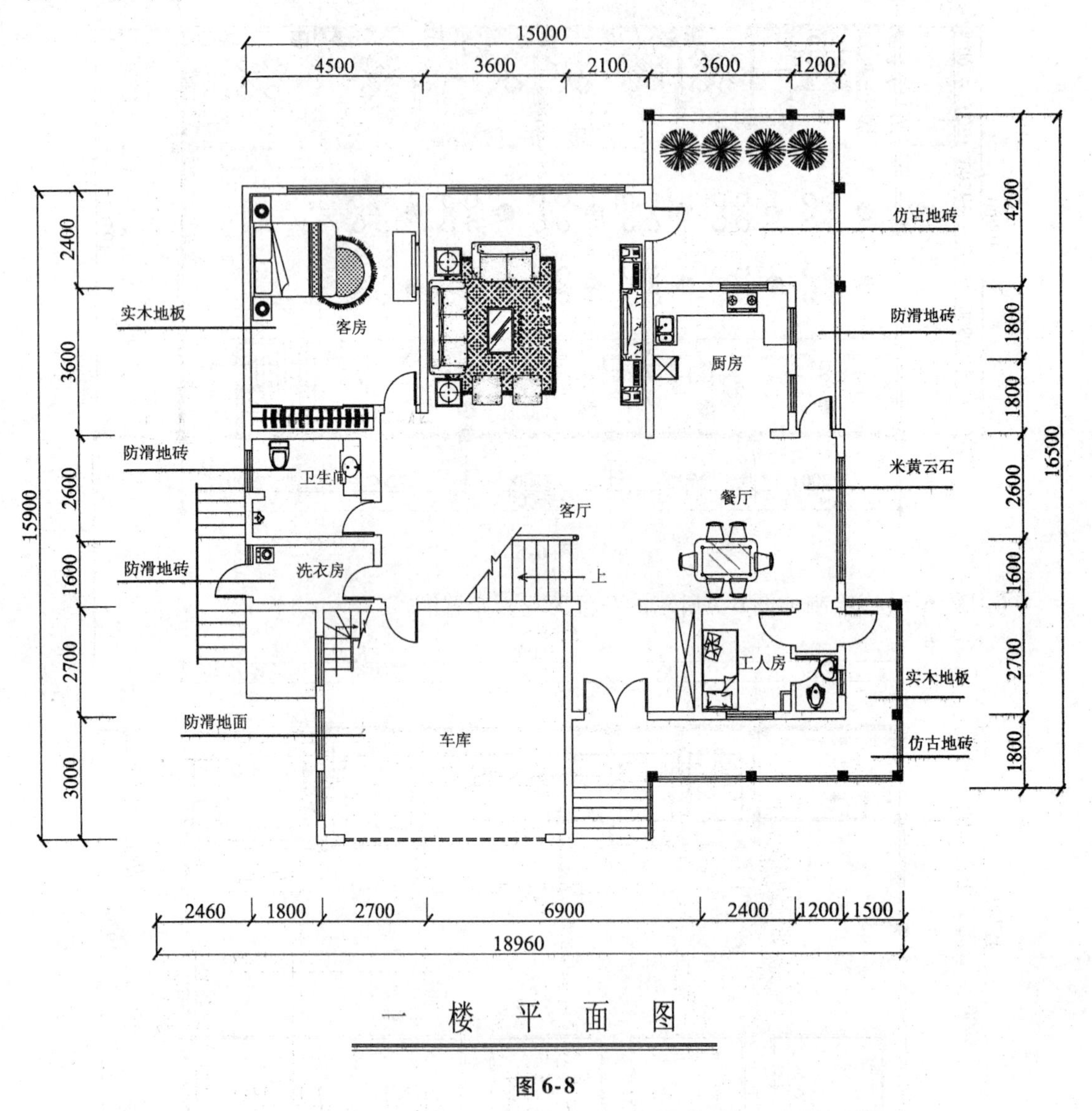

一 楼 平 面 图

图 6-8

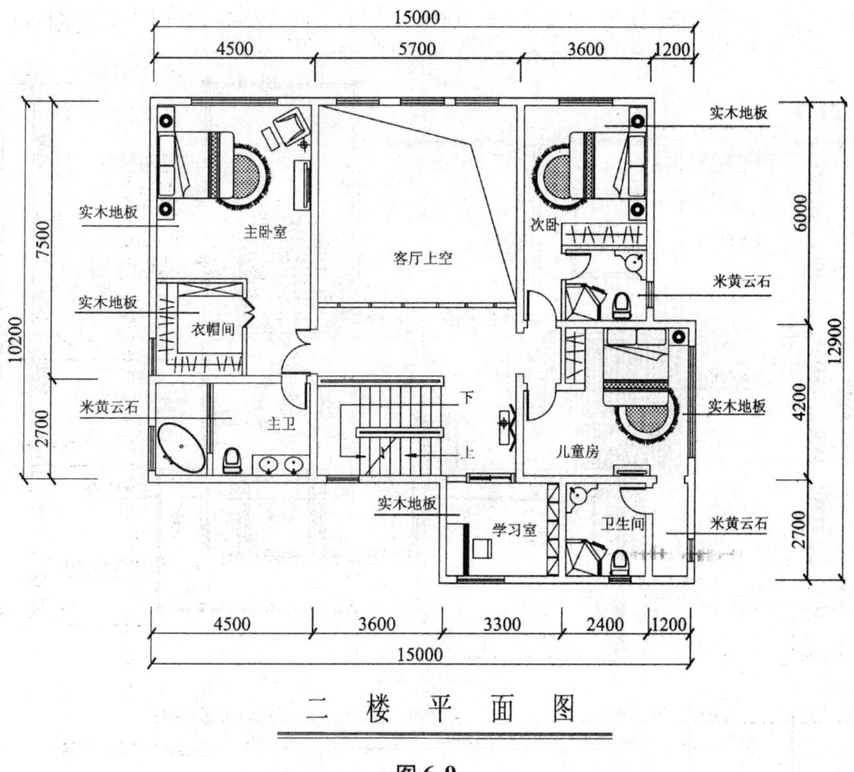
15000
4500
5700
3600
1200
实木地板
主卧室
客厅上空
次卧
衣帽间
米黄云石
主卫
下
上
儿童房
学习室
卫生间
7500
2700
10200
6000
4200
12900
4500
3600
3300
2400
1200
15000
二 楼 平 面 图

图 6-9

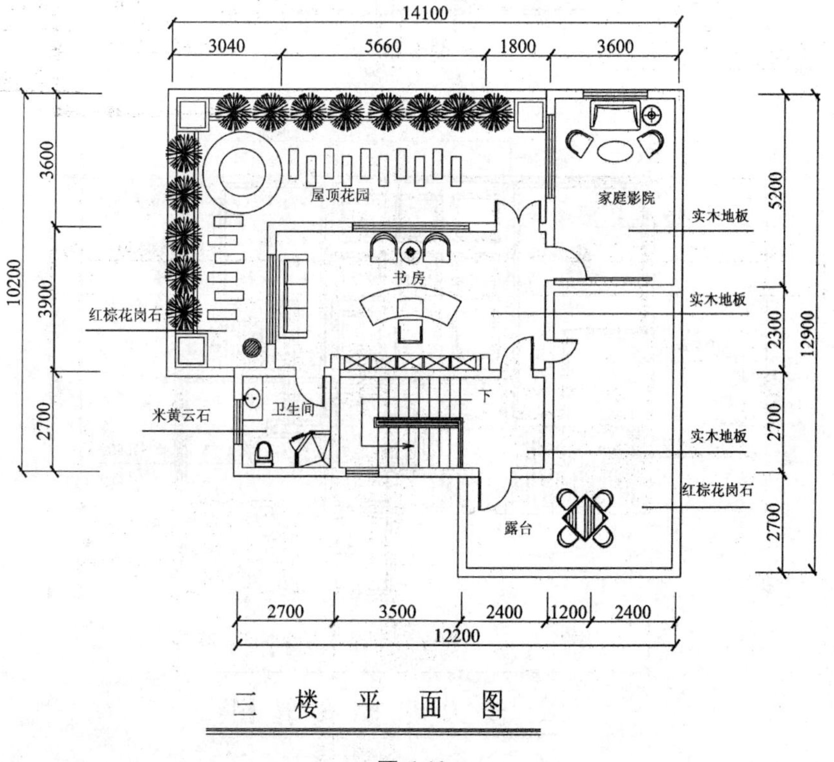
14100
3040
5660
1800
3600
屋顶花园
家庭影院
实木地板
书房
红棕花岗石
卫生间
米黄云石
下
露台
3600
3900
2700
10200
5200
2300
12900
2700
3500
2400
1200
12200
三 楼 平 面 图

图 6-10

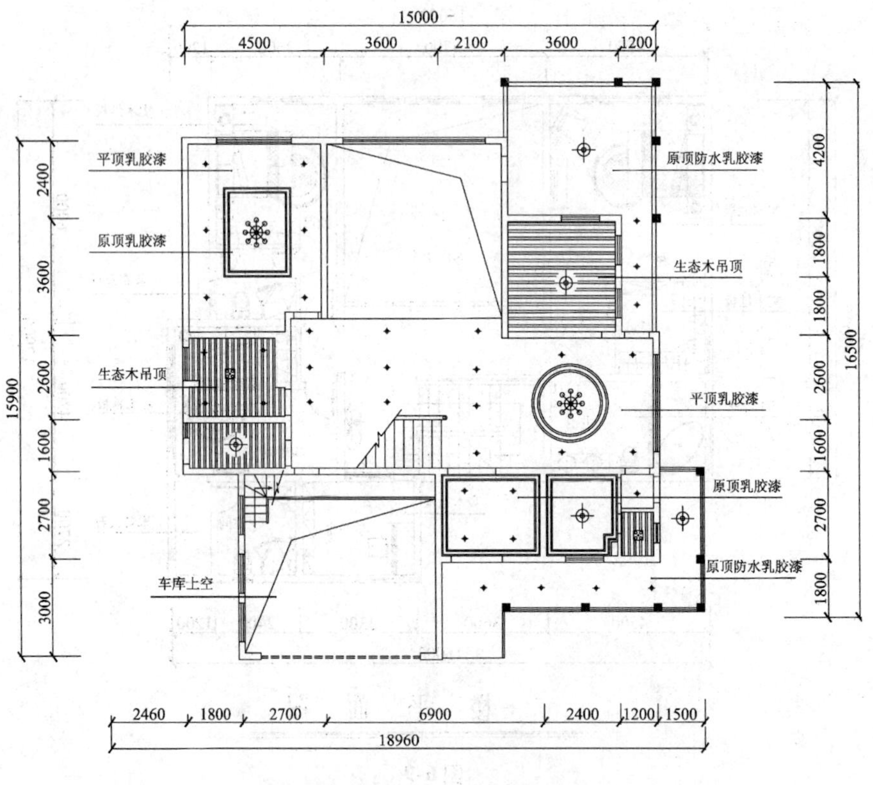
15000
4500
3600
2100
3600
1200
平顶乳胶漆
原顶乳胶漆
生态木吊顶
车库上空
原顶防水乳胶漆
生态木吊顶
平顶乳胶漆
原顶乳胶漆
原顶防水乳胶漆
2400
3600
2600
1600
2700
3000
15900
4200
1800
1800
2600
1600
2700
1800
16500
2460
1800
2700
6900
2400
1200
1500
18960
一楼天花板布置图

图 6-11

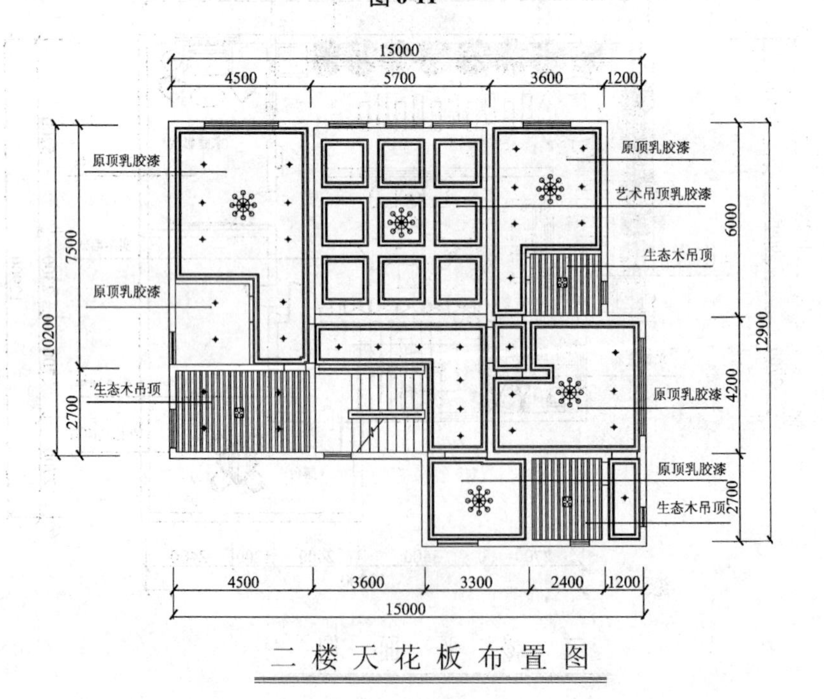
15000
4500
5700
3600
1200
原顶乳胶漆
原顶乳胶漆
生态木吊顶
原顶乳胶漆
艺术吊顶乳胶漆
生态木吊顶
原顶乳胶漆
原顶乳胶漆
生态木吊顶
7500
2700
10200
6000
4200
2700
12900
4500
3600
3300
2400
1200
15000
二楼天花板布置图

图 6-12

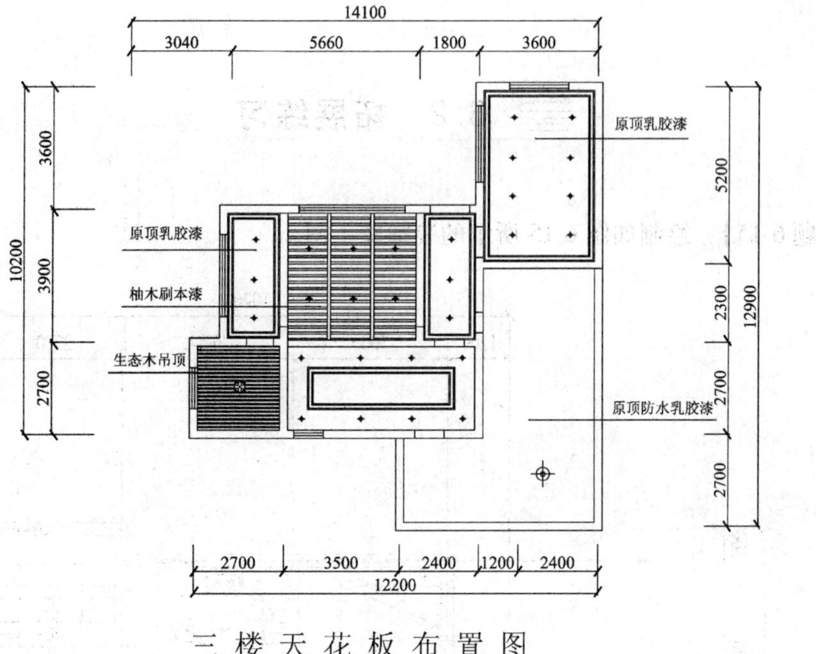

图 6-13

图例	名称
	吊灯
	花灯
	筒灯
	射灯
	吸顶灯
	浴霸
TV	电视
TEL	电话
	单控开关
	双控开关
	三控开关
	四控开关
	插座
B	冰箱插座
K	空调插座
X	洗衣机插座

一楼电路图

图 6-14

6.2 拓展练习

【习题 6-15】 绘制如图 6-15 所示的装饰施工图。

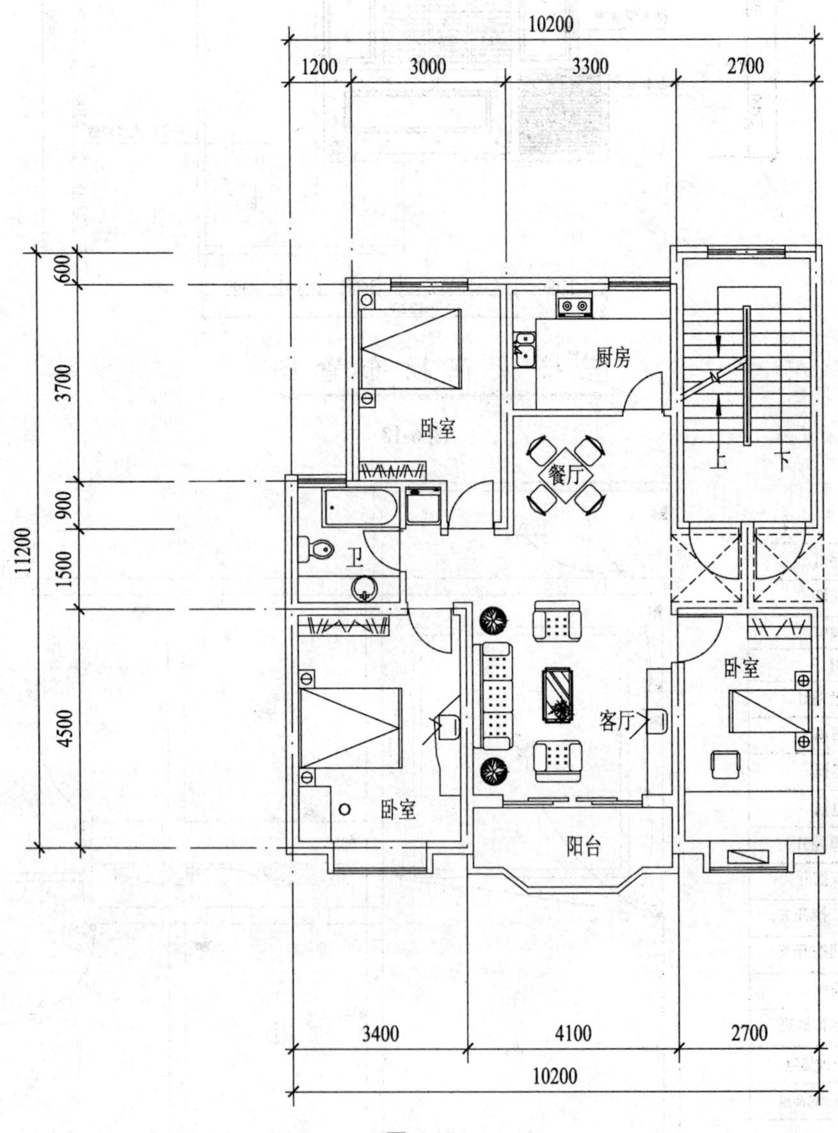

图 6-15

【习题6-16】　绘制如图6-16所示的装饰施工图。

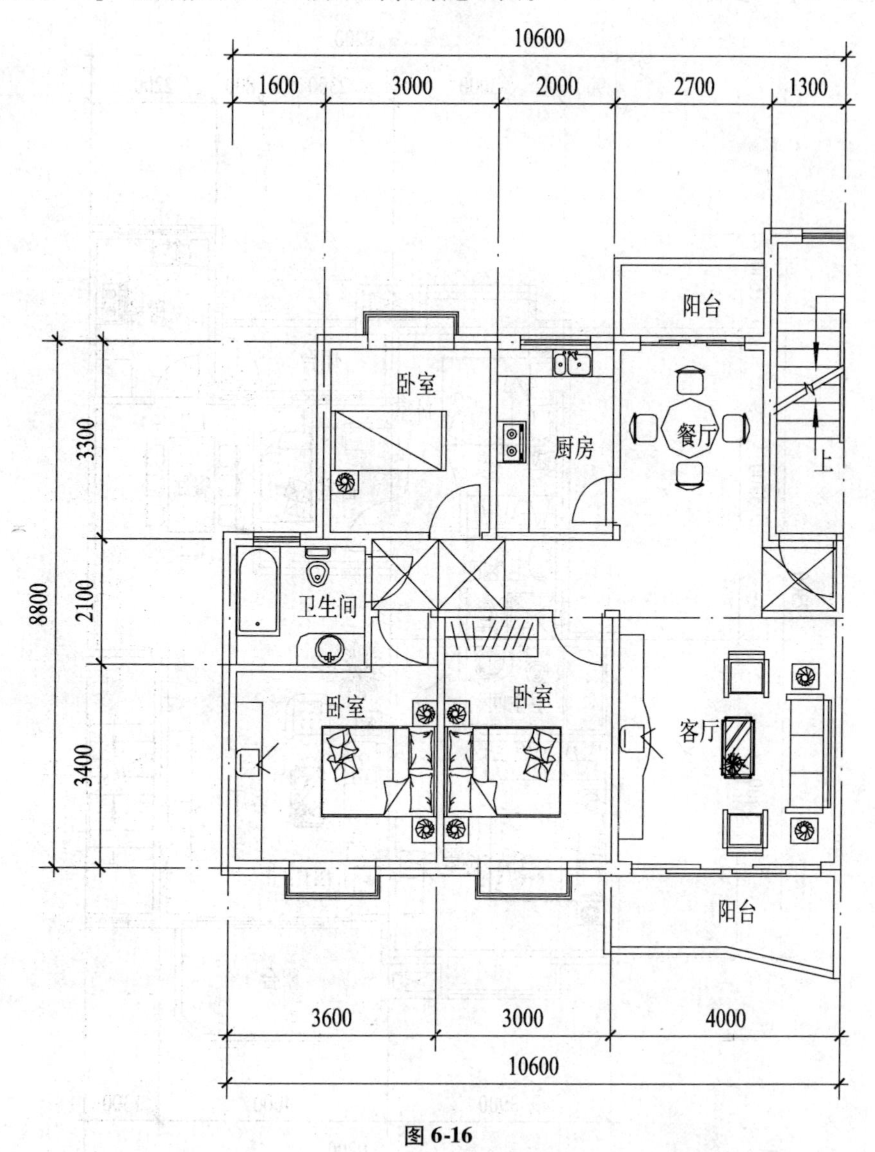

图6-16

【习题 6-17】 绘制如图 6-17 所示的装饰施工图。

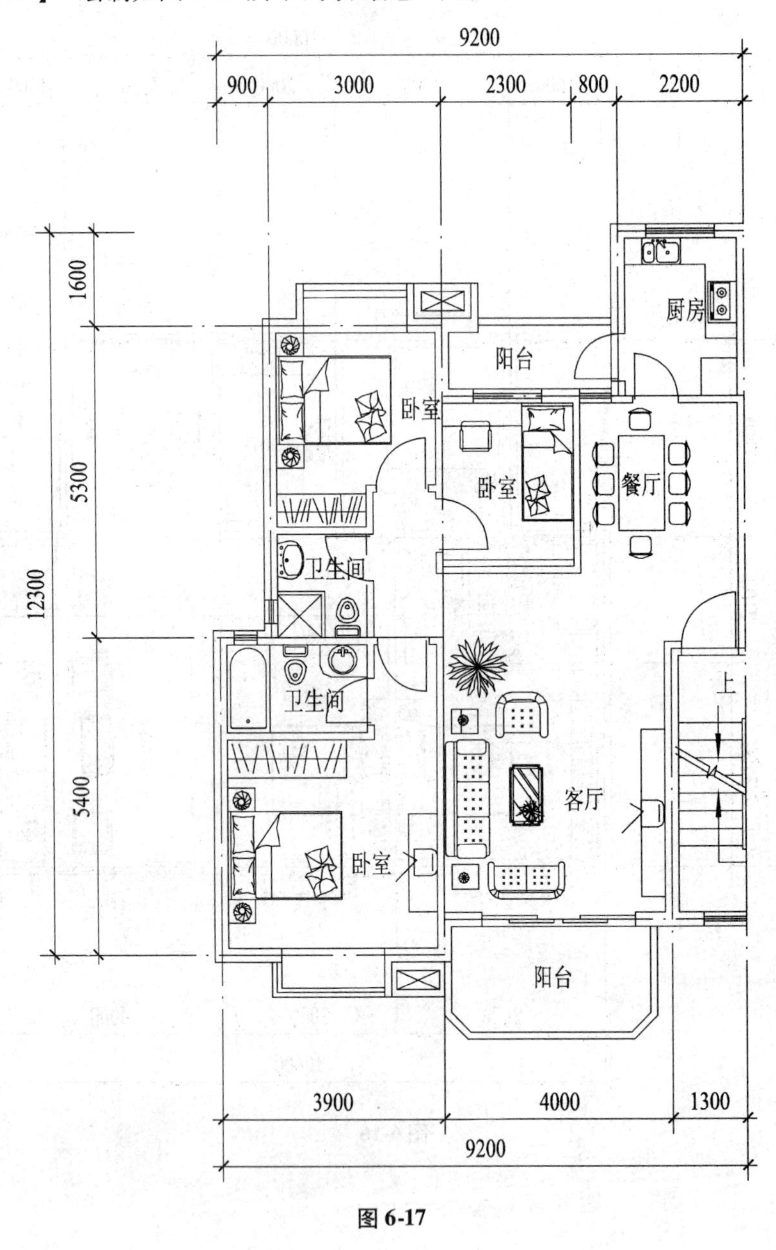

图 6-17

【习题6-18】 绘制如图6-18所示的装饰施工图。

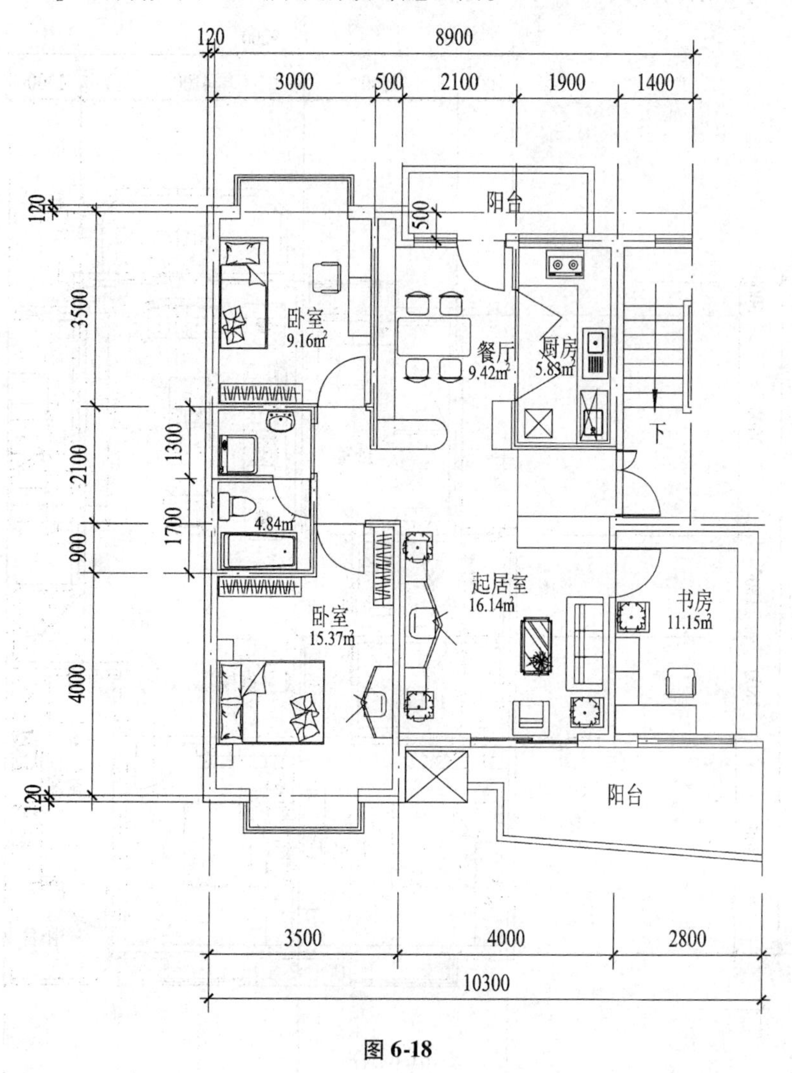

图 6-18

【习题 6-19】 绘制如图 6-19 所示的装饰施工图。

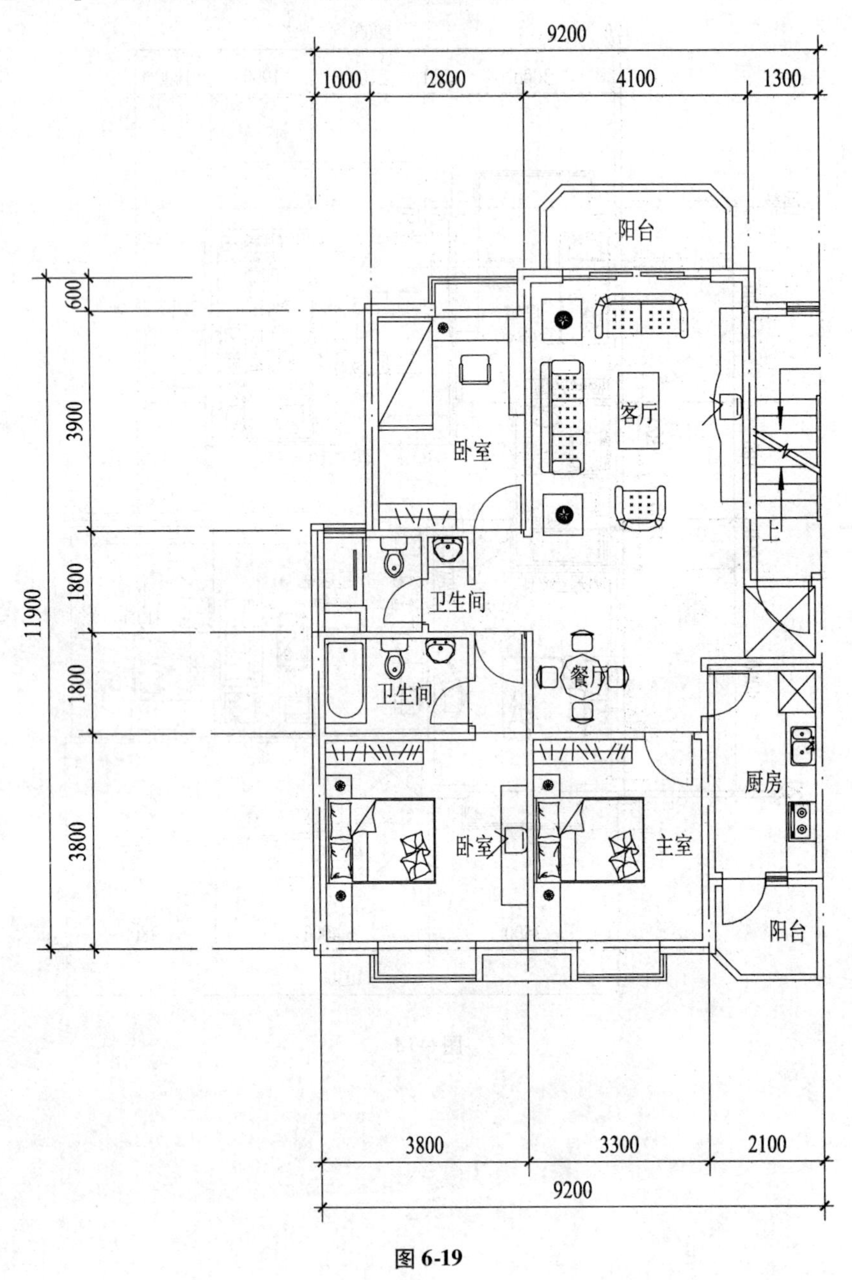

图 6-19

【习题 6-20】　绘制如图 6-20 所示的装饰施工图。

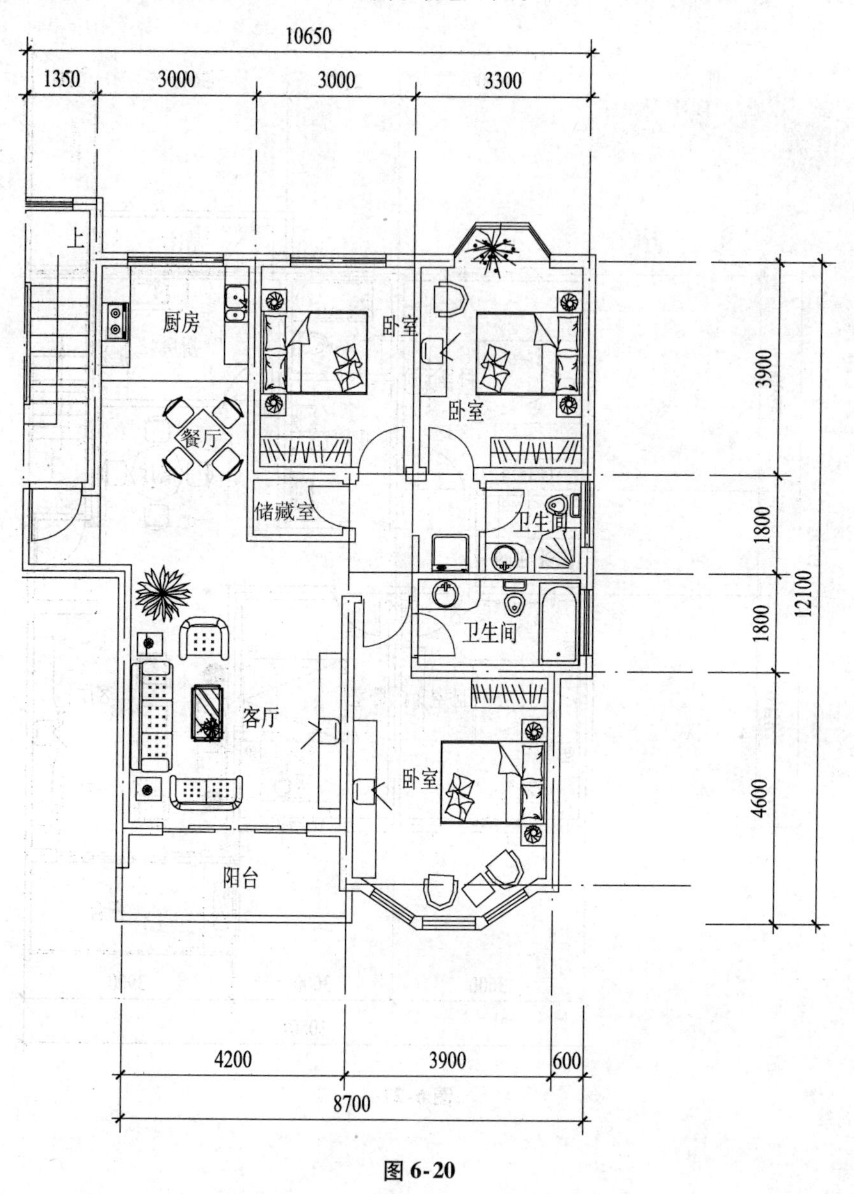

图 6-20

【习题 6-21】 绘制如图 6-21 所示的装饰施工图。

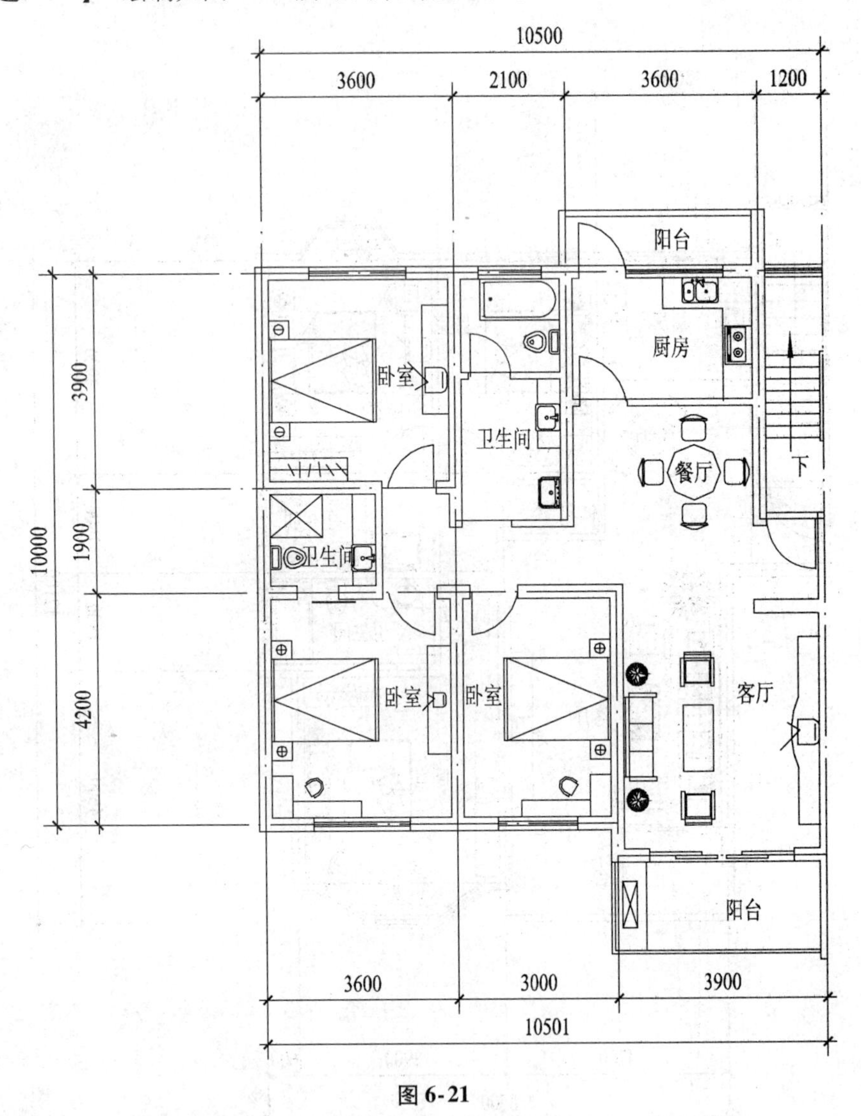

图 6-21

【习题6-22】 绘制如图6-22所示的装饰施工图。

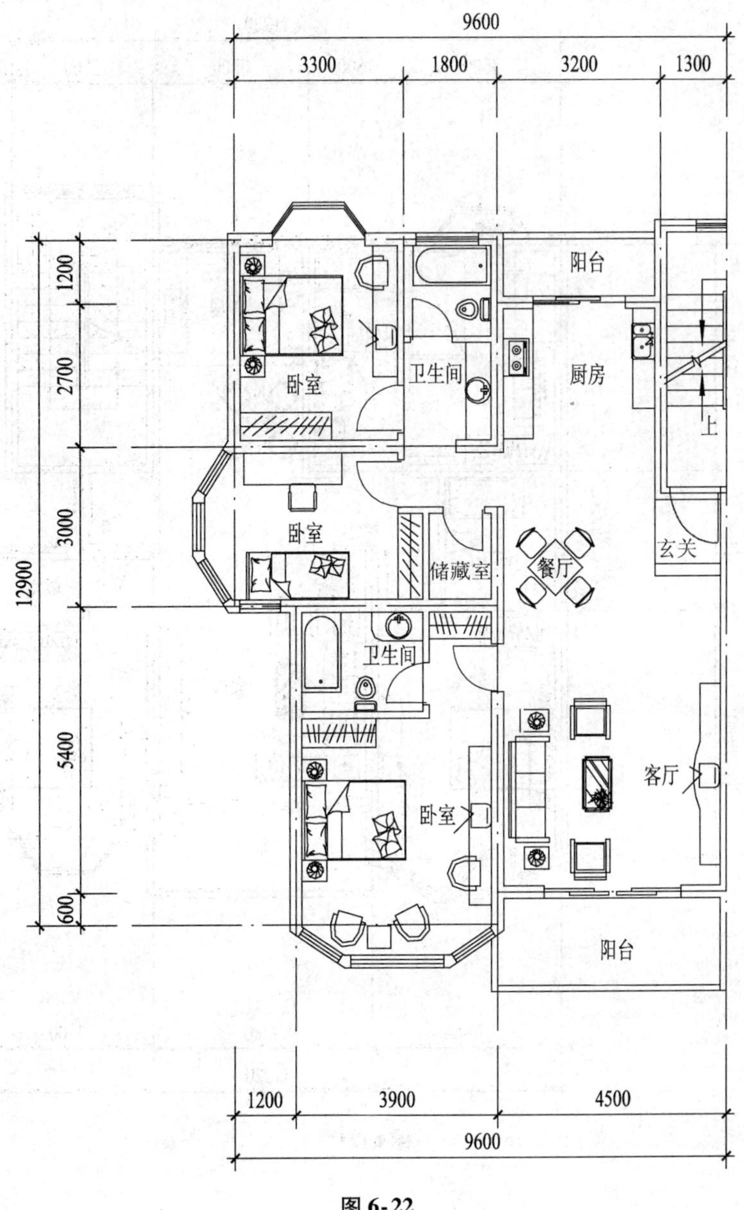

图 6-22

【习题6-23】 绘制如图6-23所示的装饰施工图。

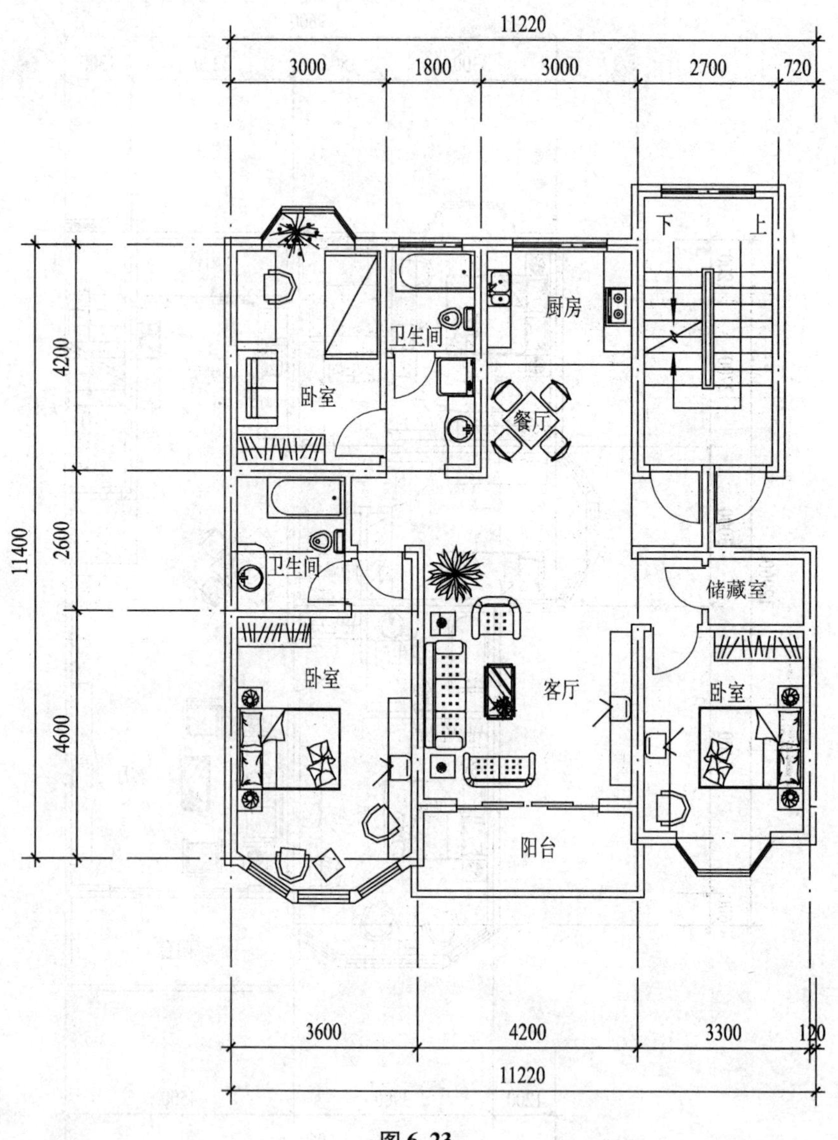

图6-23

【习题6-24】　绘制如图6-24所示的装饰施工图。

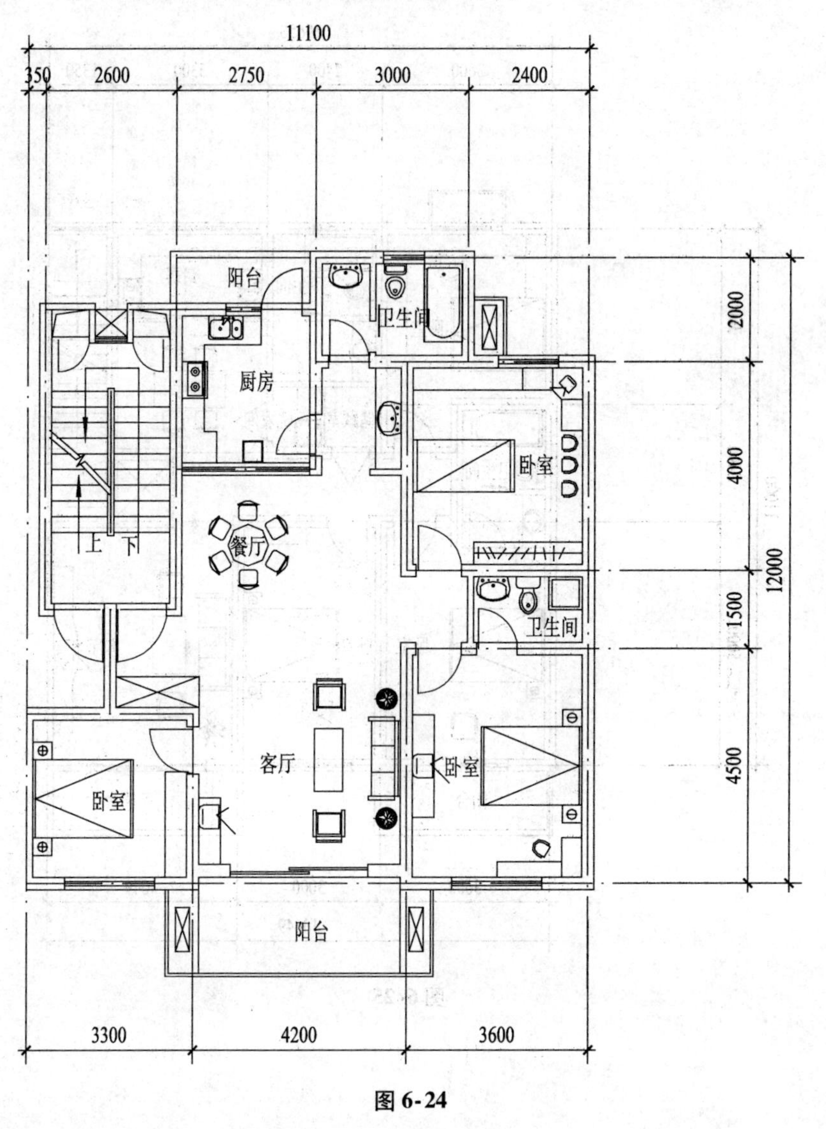

图6-24

【习题6-25】 绘制如图6-25所示的装饰施工图。

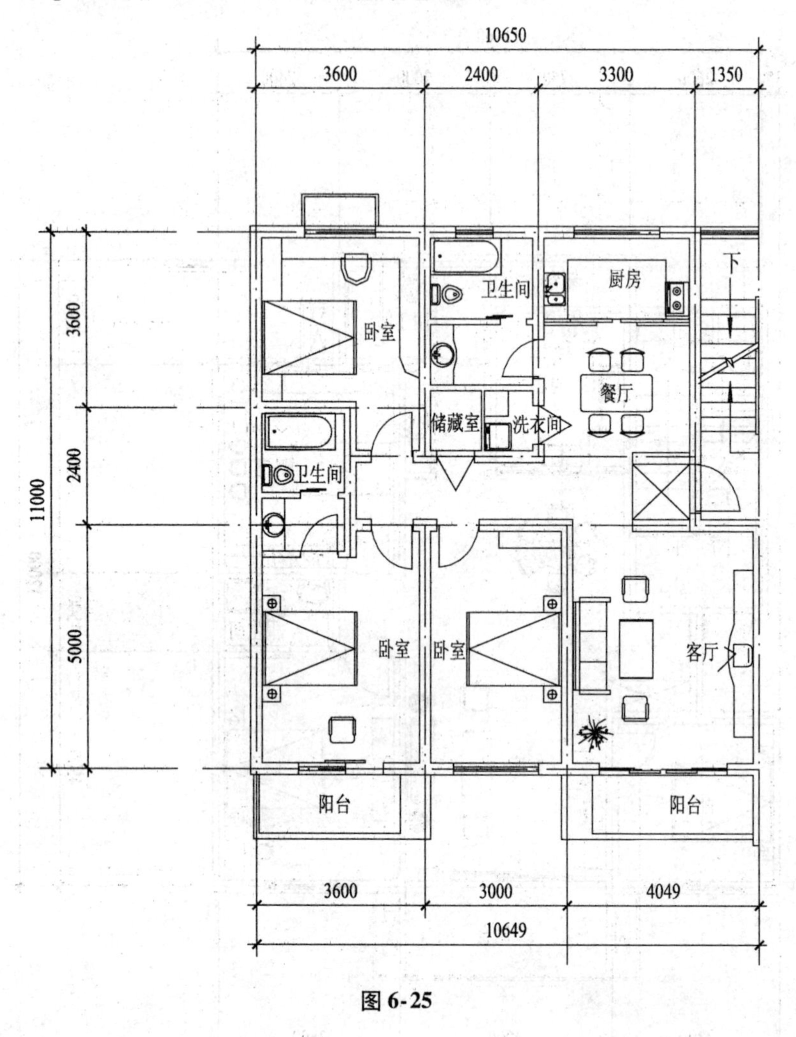

图6-25

【习题6-26】 绘制如图6-26所示的装饰施工图。

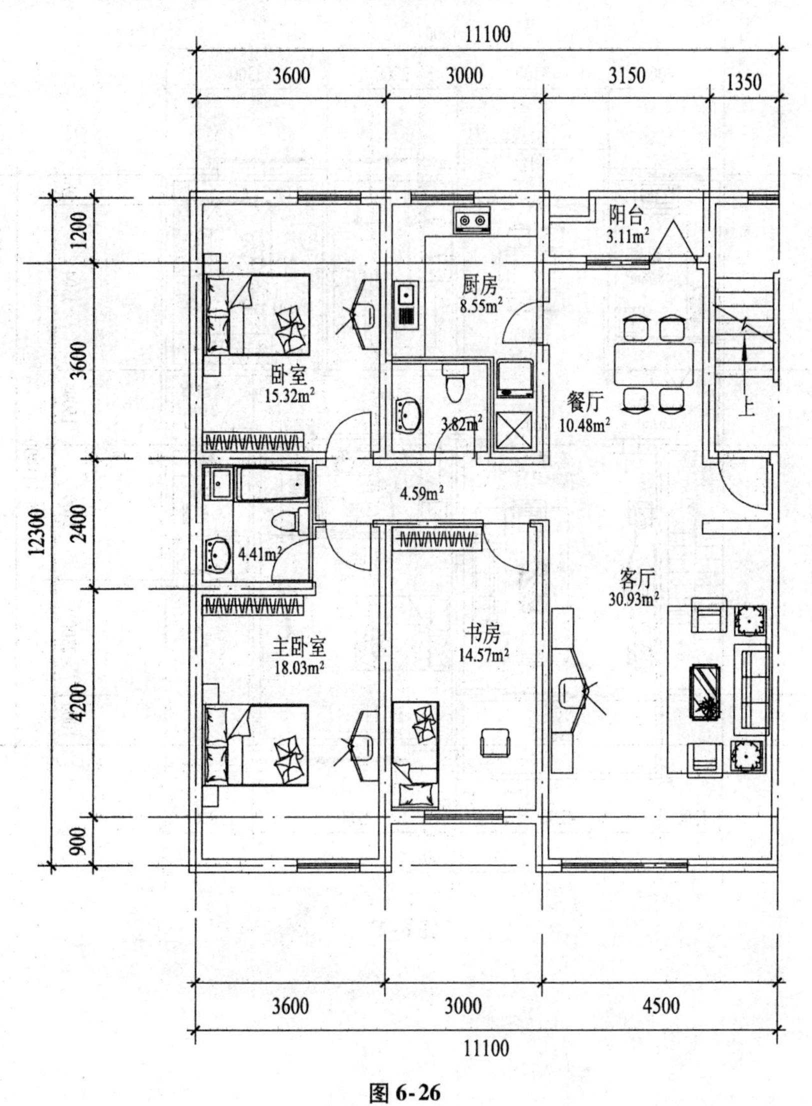

图6-26

【习题 6-27】 绘制如图 6-27 所示的装饰施工图。

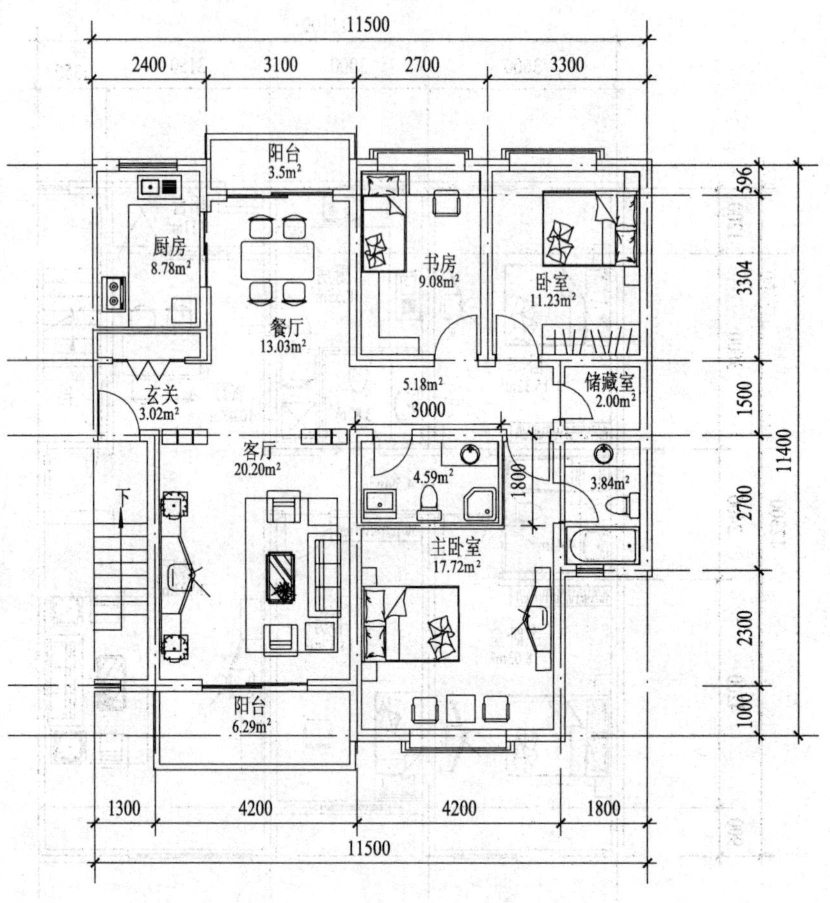

图 6-27

【习题6-28】　绘制如图6-28所示的装饰施工图。

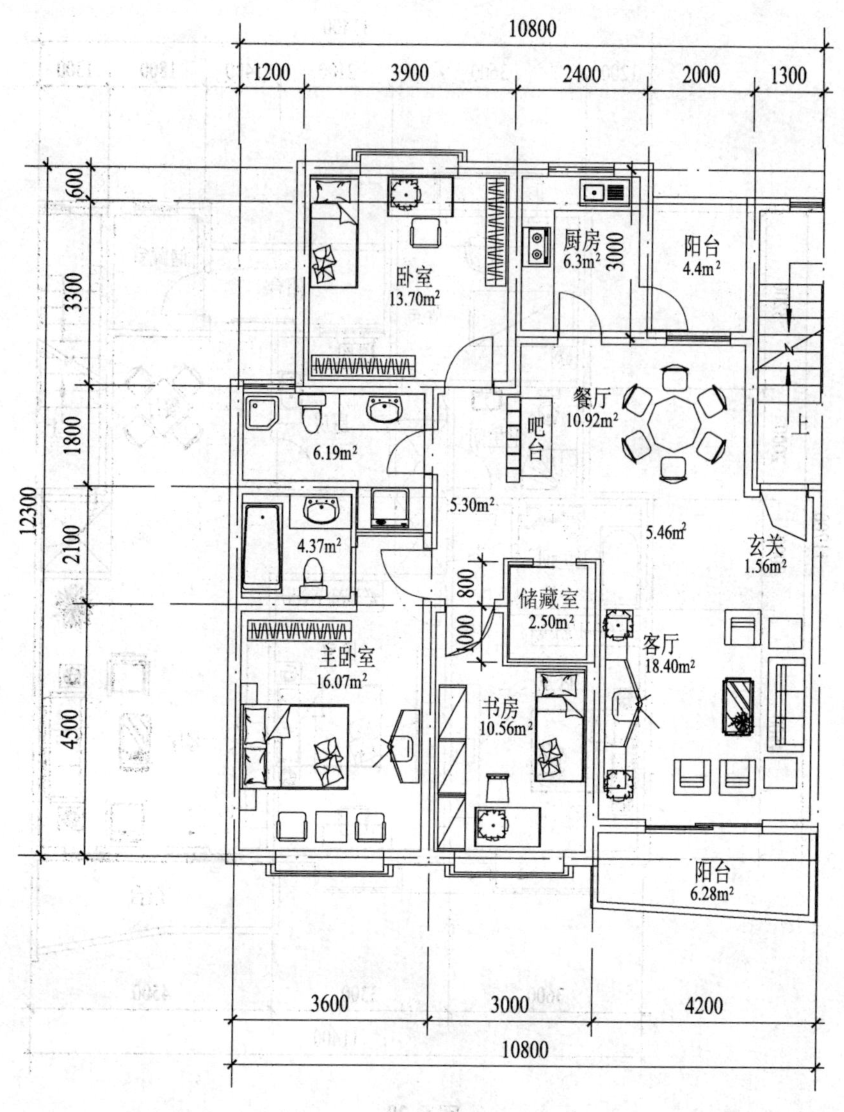

图6-28

【习题 6-29】 绘制如图 6-29 所示的装饰施工图。

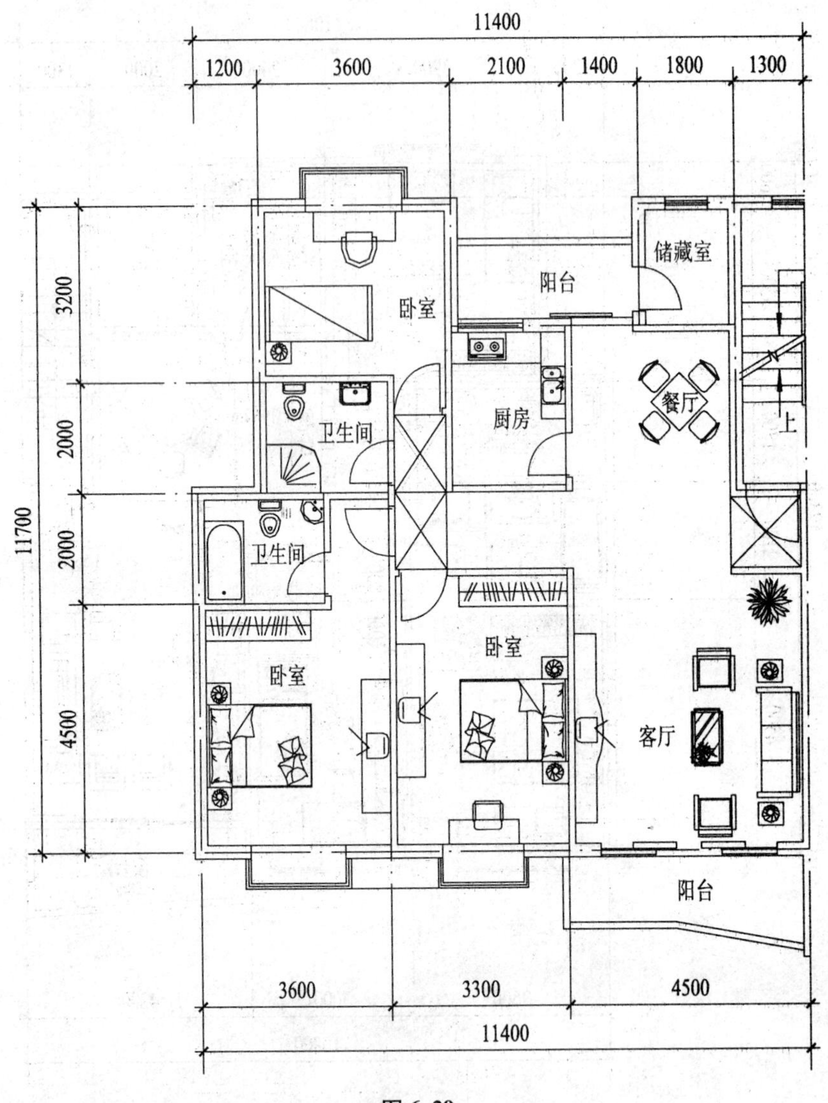

图 6-29

【习题6-30】 绘制如图6-30所示的建筑施工图。

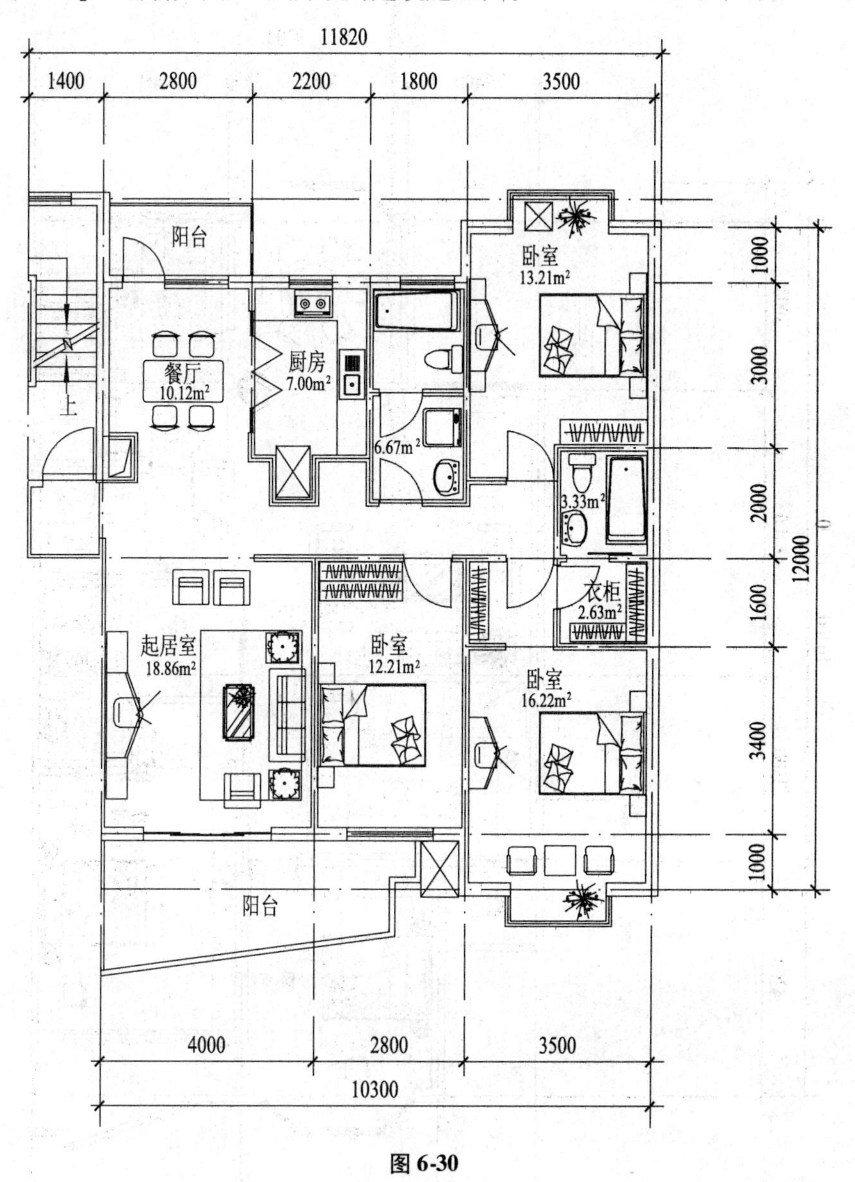

图6-30

【习题 6-31】 绘制如图 6-31 所示的建筑施工图。

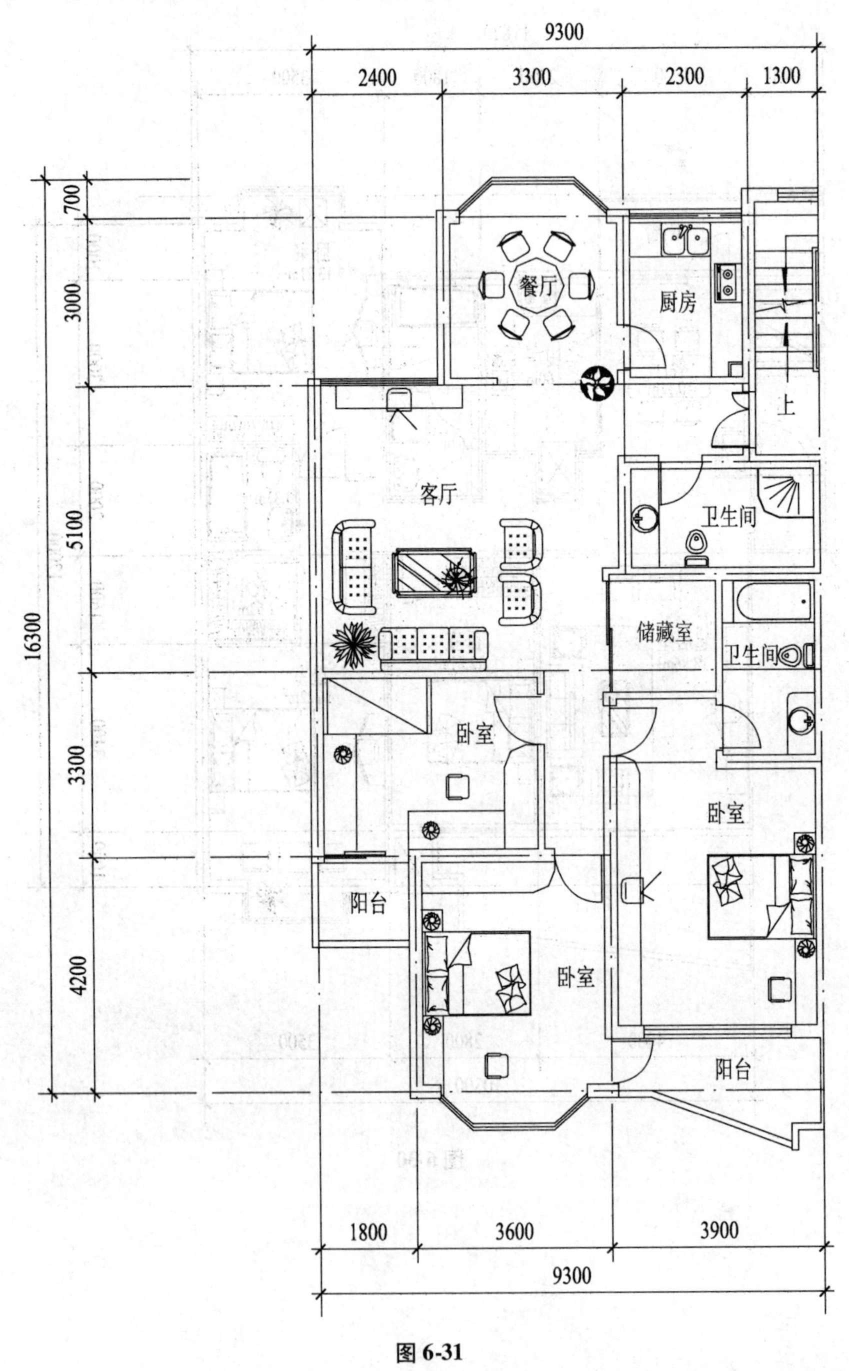

图 6-31

【习题6-32】 绘制如图6-32所示的装饰施工图。

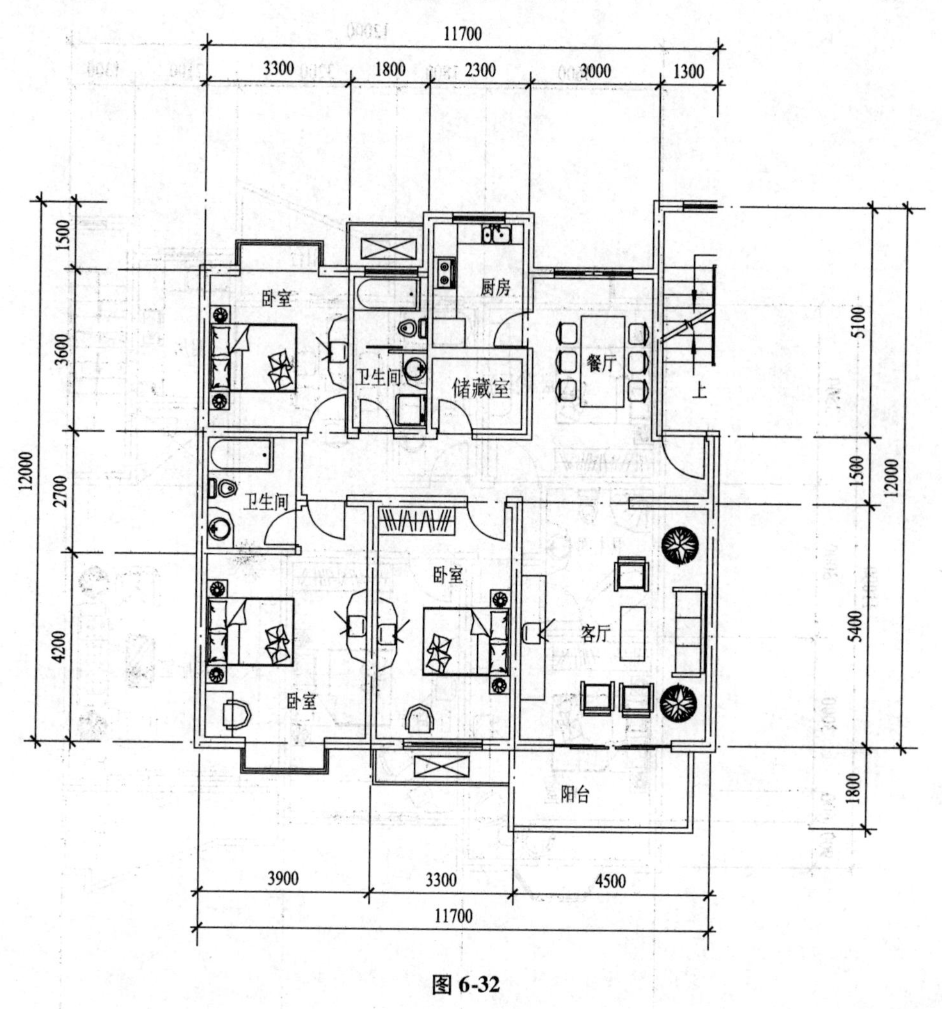

图6-32

【习题6-33】 绘制如图6-33所示的装饰施工图。

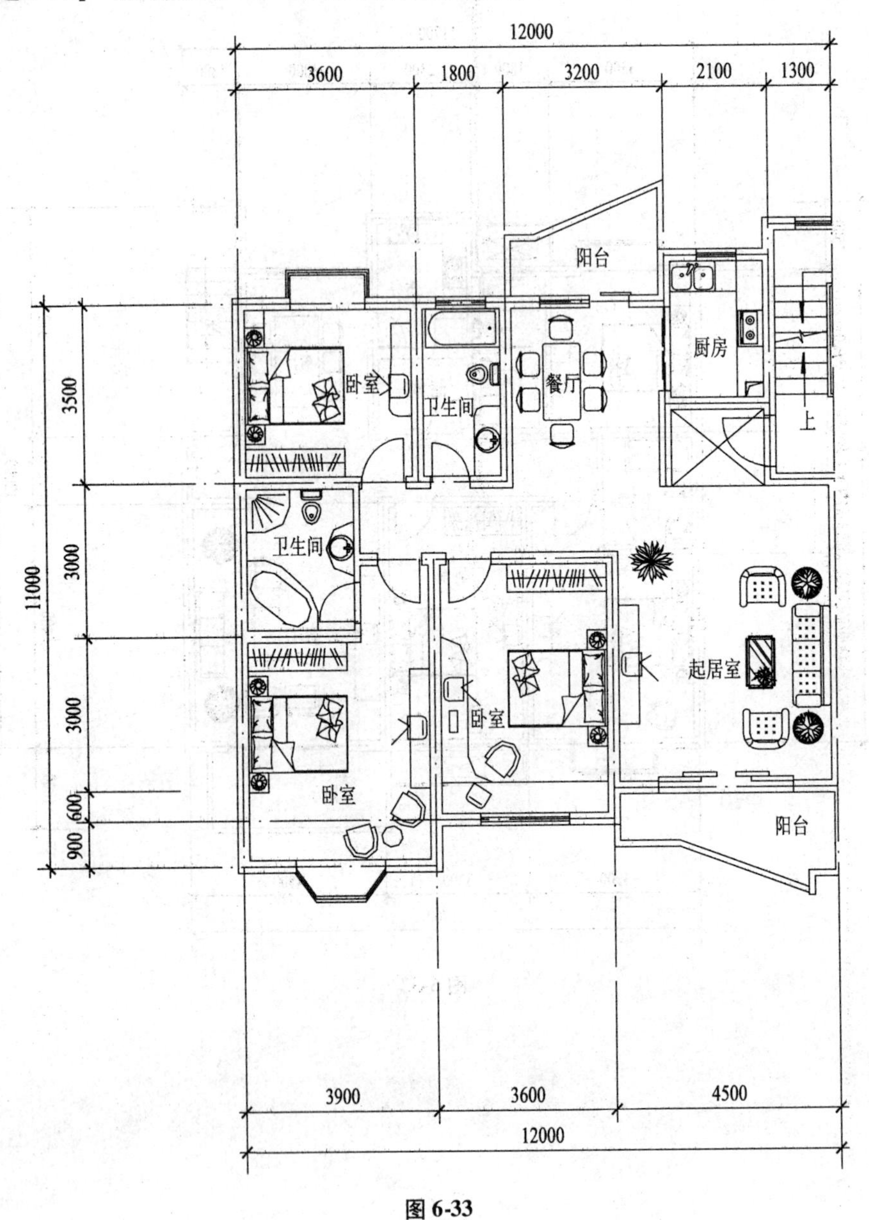

图 6-33

【习题6-34】 绘制如图6-34所示的装饰施工图。

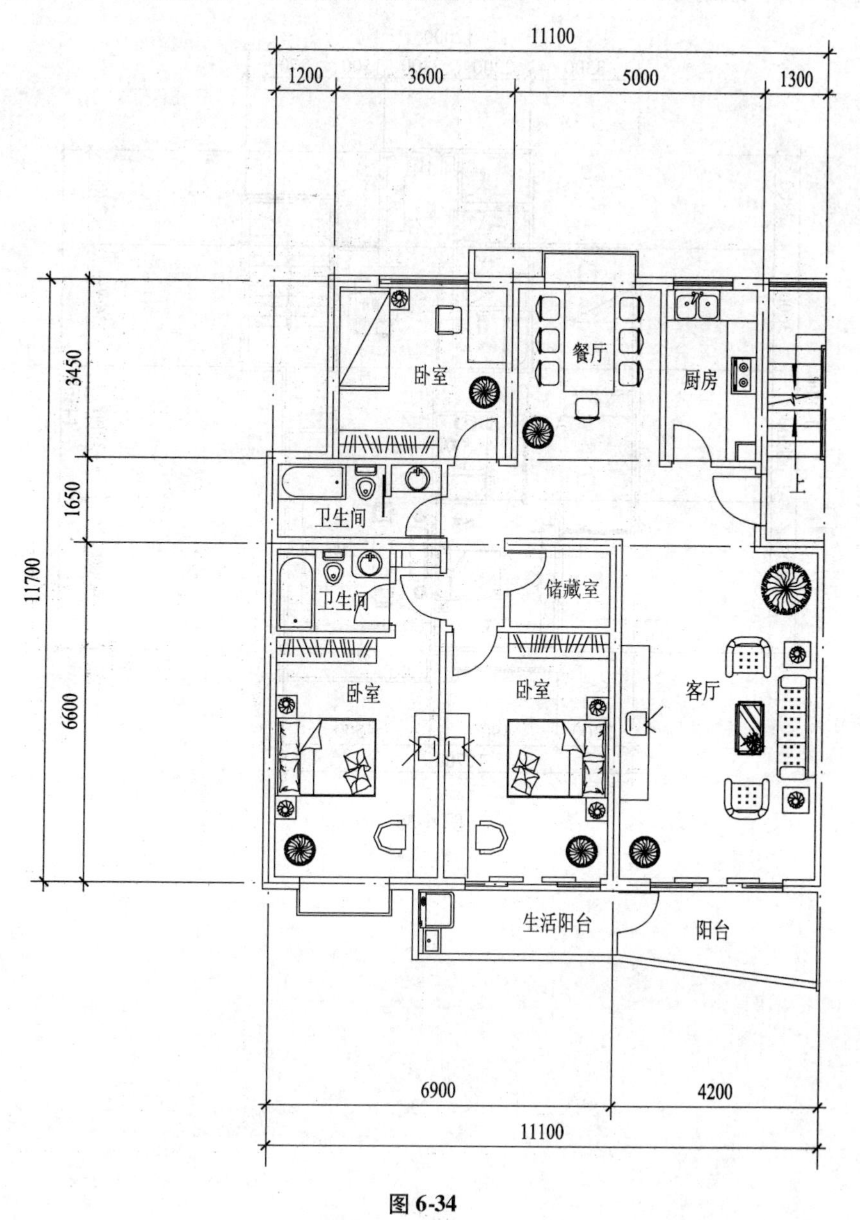

图6-34

【习题6-35】 绘制如图6-35所示的装饰施工图。

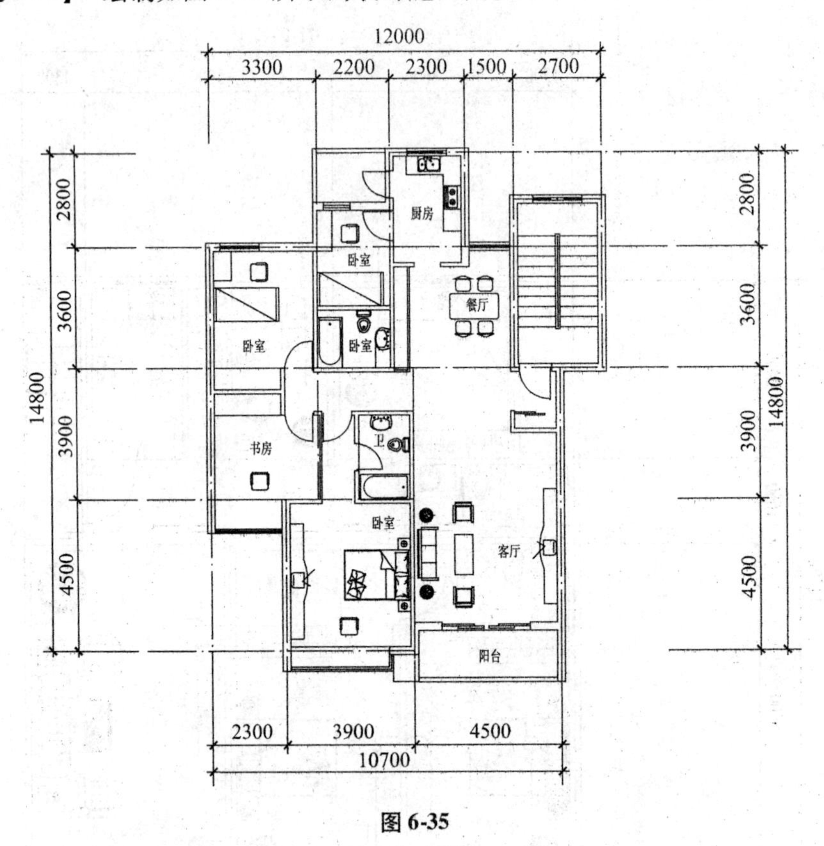

图 6-35

【习题6-36】　绘制如图6-36所示的装饰施工图。

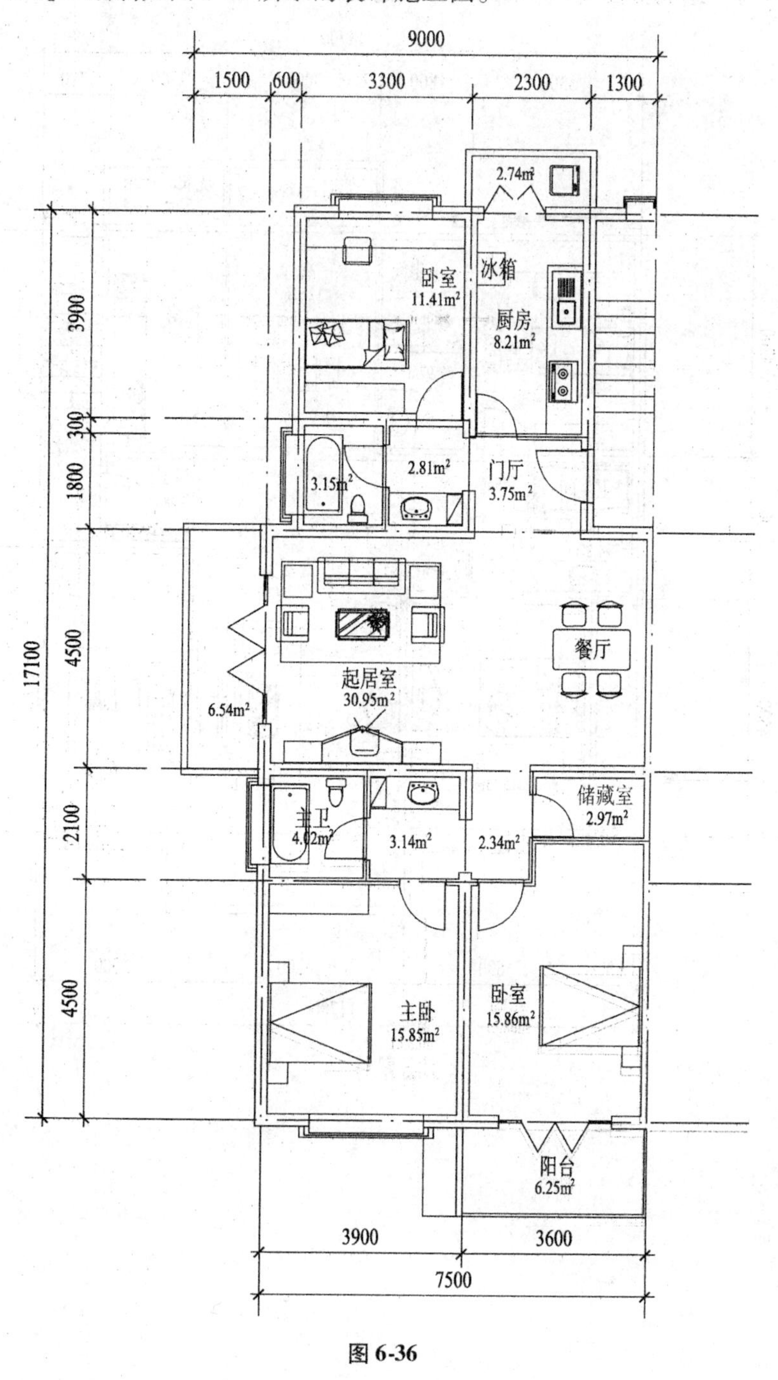

图6-36

【习题 6-37】 绘制如图 6-37 所示的装饰施工图。

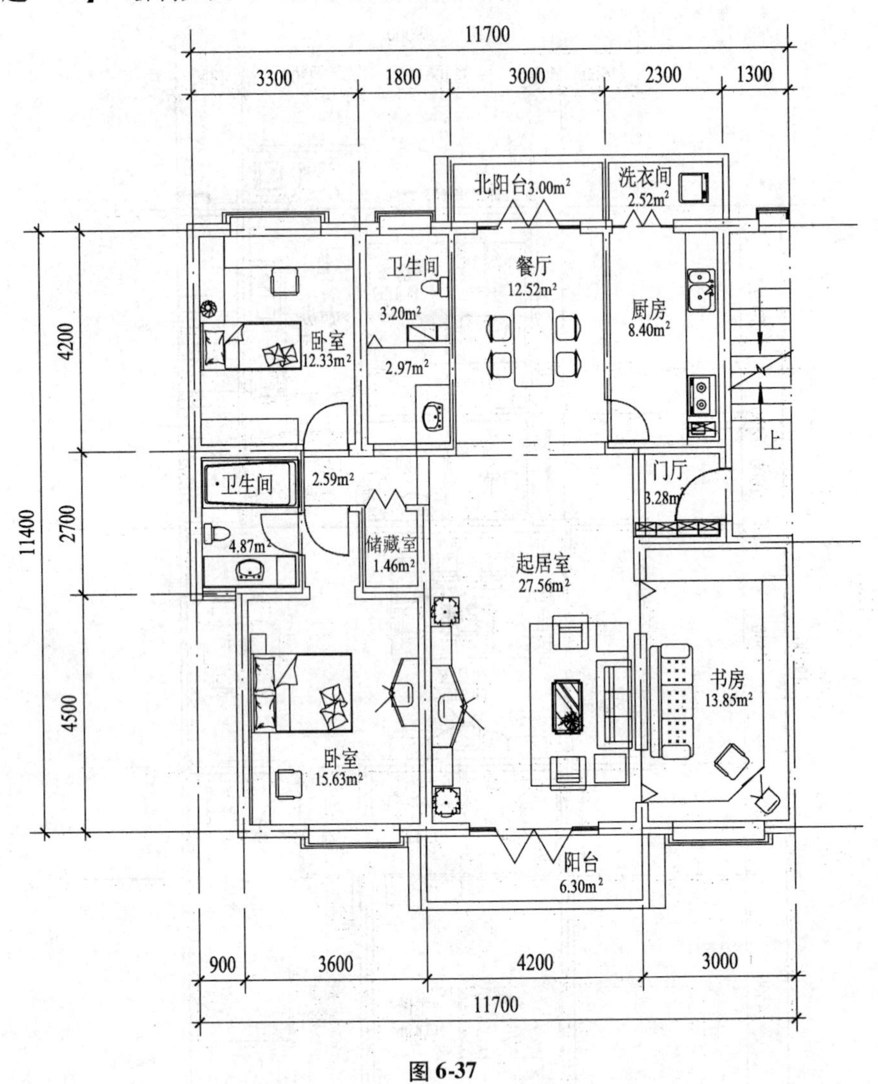

图 6-37

【习题6-38】　绘制如图6-38所示的装饰施工图。

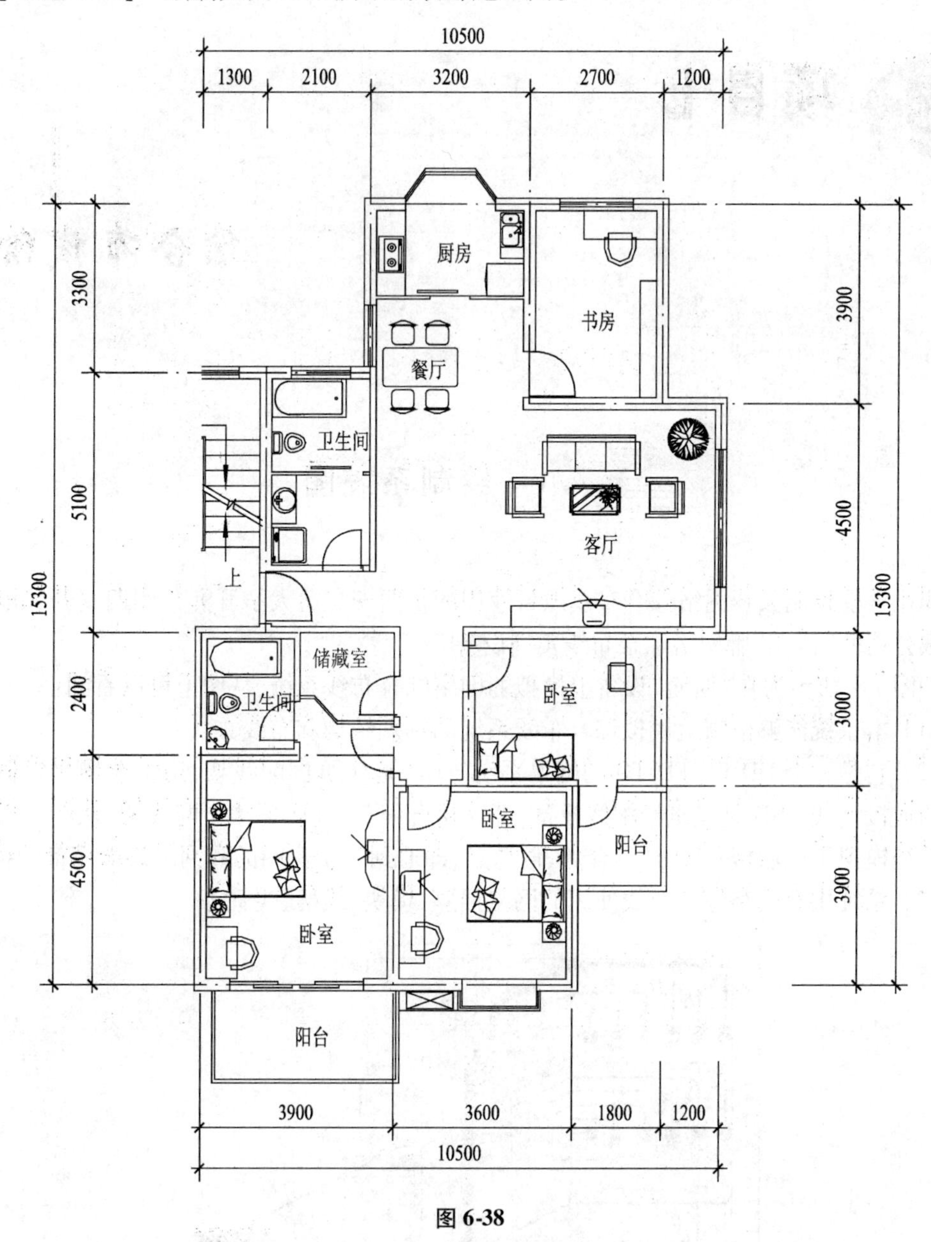

图 6-38

项目七

综合布线绘图

7.1 绘制系统图

职业学校技能大赛网络综合布线项目使用的是西安交通大学开元集团西安开元电子实业有限公司的“西元”牌网络综合布线实训设备。

如图 7-1 所示为在“西元”设备上模拟的网络综合布线系统,从图上可以看到:

(1) 本系统能够清晰地模拟综合布线系统的物理结构和布线方式。

(2) 它是一个 CD-BD-FD-TO 的网络系统。CD 是建筑群配线架,用于端接建筑群互相之间的连接缆线;BD 是建筑物配线设备,即大楼配线架;FD 是楼层配线架,从图上可以看出本系统模拟了三层楼;TO 是集合点、信息点,即通到每个房间的和网络终端设备的接口。

(3) 系统中有网络综合布线使用的网络插座、模块、线槽、线管等。

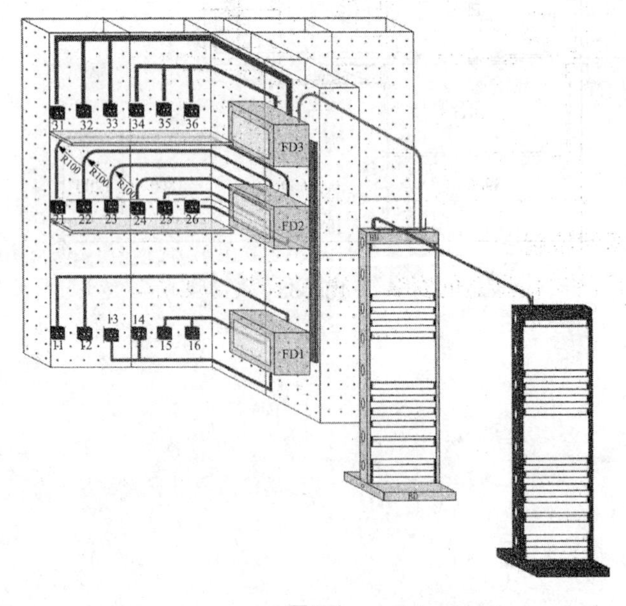

图 7-1

7.2　绘制施工图

如图 7-1 所示为在“西元”设备上模拟的网络综合布线系统，在此系统的综合布线施工图中应表达出施工的全部尺寸、用料、结构、构造以及施工要求，用于指导比赛中的施工。

技能比赛中施工图应包括施工平面图、施工立面图和施工侧立面图等。

一、施工平面图的绘制

施工平面图是从平面图方向表达综合布线的施工情况，其中表达出网络布线整体 CD-BD-FD-TO 的结构情况，并应标注出各距离尺寸。完成的施工平面图如图 7-2 所示。

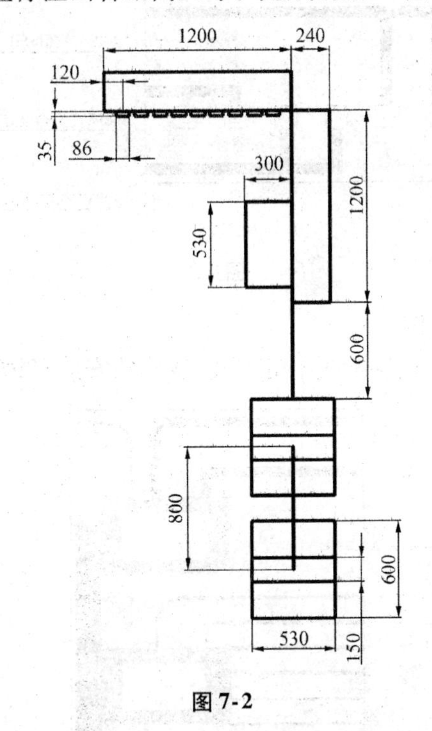

图 7-2

二、施工立面图的绘制

施工立面图中反映出信息盒的安装、线槽的安放与规格等，如图 7-3 所示。

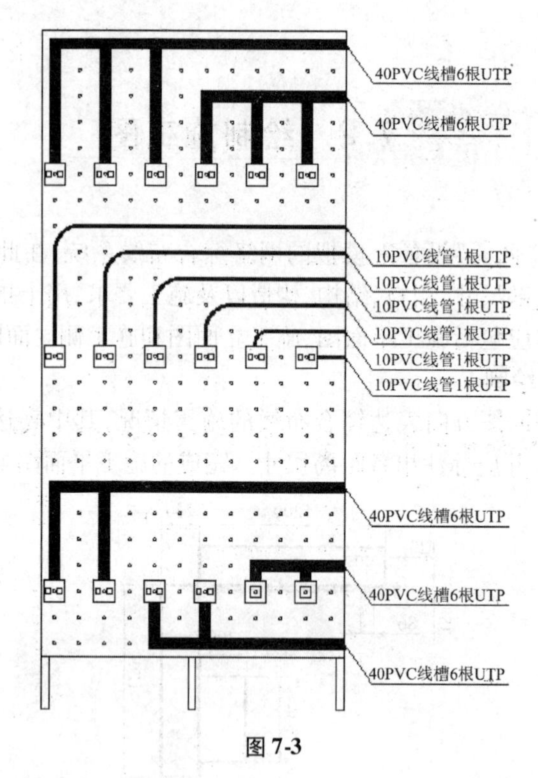

图 7-3

三、施工侧立面图的绘制

施工侧立面图中反映出楼层配线架的安装、线槽的安放等,如图 7-4 所示。

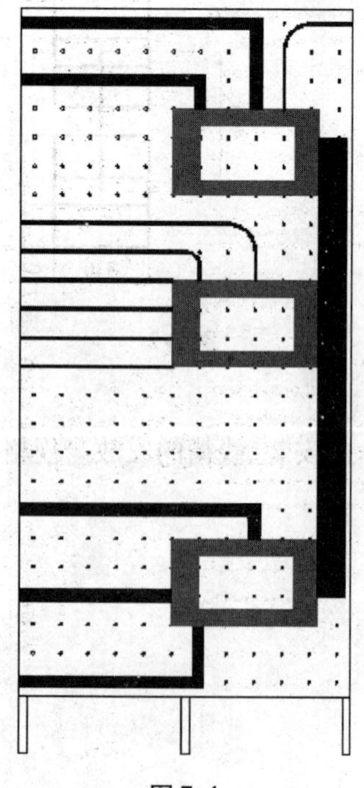

图 7-4

【习题 7-1】　绘制如图 7-5 所示的综合布线比赛系统图和施工图。

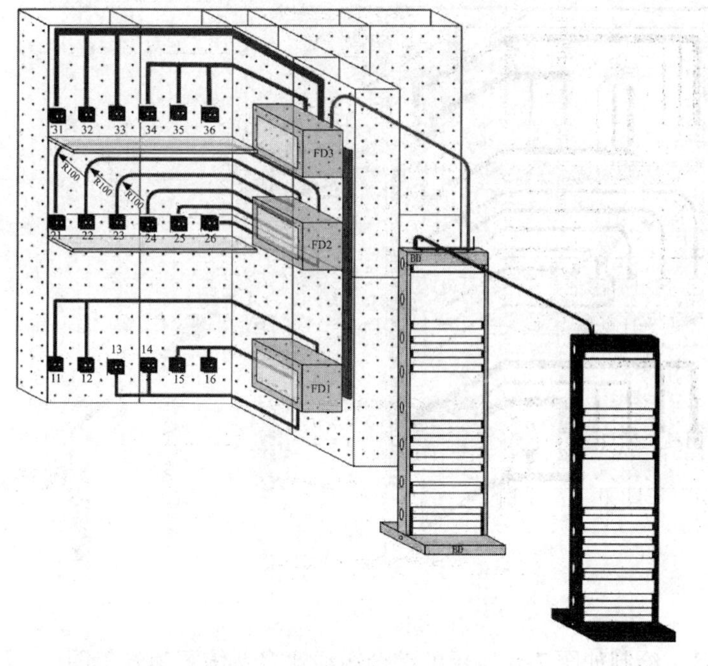

图 7-5

【习题 7-2】　绘制如图 7-6 所示的综合布线比赛系统图和施工图。

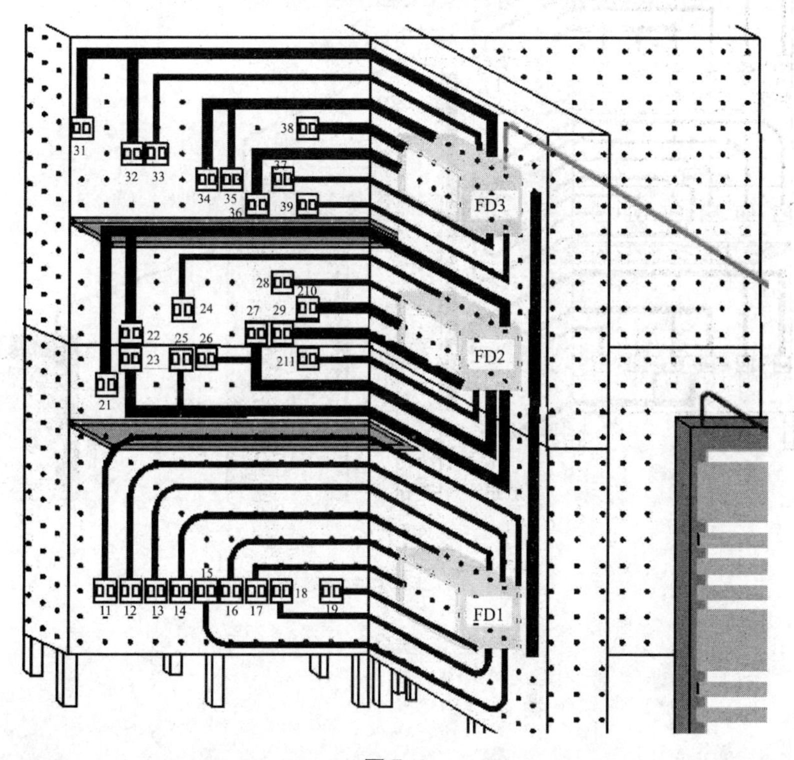

图 7-6

【习题 7-3】 绘制如图 7-7 所示的综合布线比赛系统图和施工图。

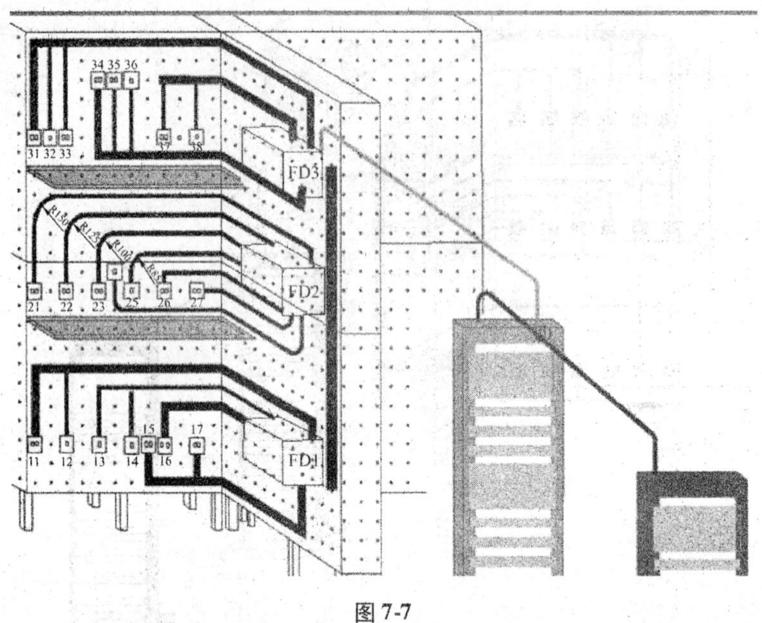

图 7-7

【习题 7-4】 绘制如图 7-8 所示的综合布线比赛系统图和施工图。

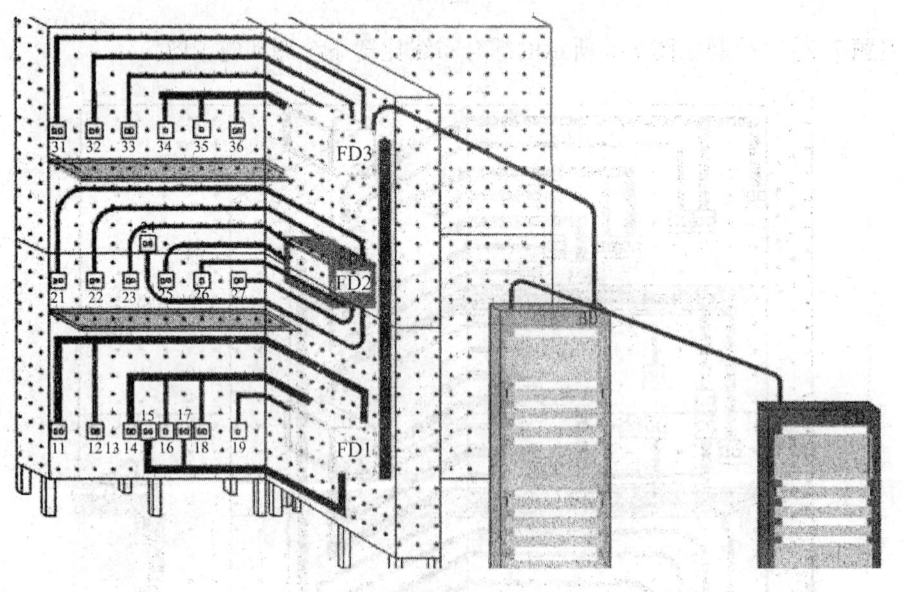

图 7-8

【习题 7-5】 绘制如图 7-9 所示的综合布线比赛系统图和施工图。

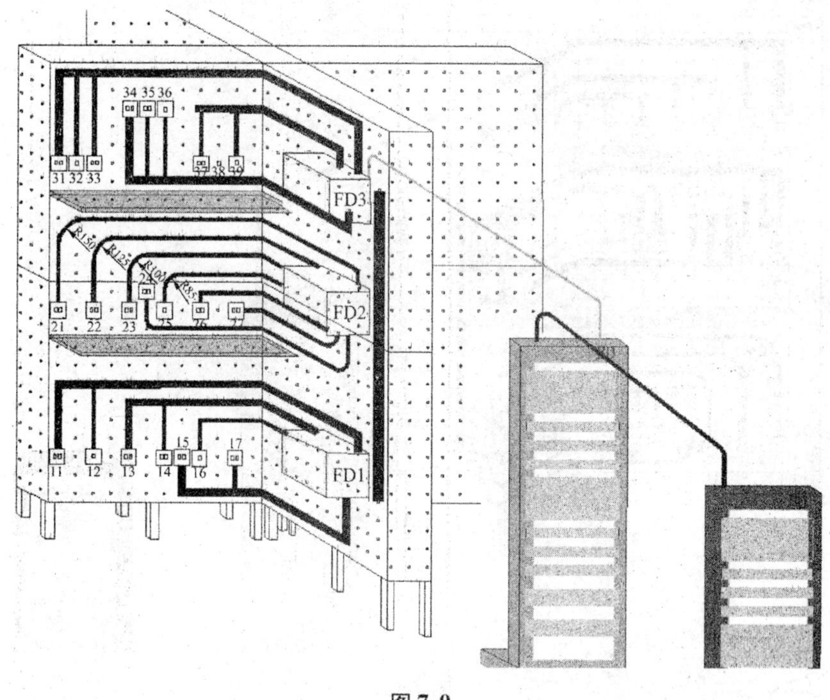

图 7-9

【习题 7-6】 绘制如图 7-10 所示的综合布线比赛系统图和施工图。

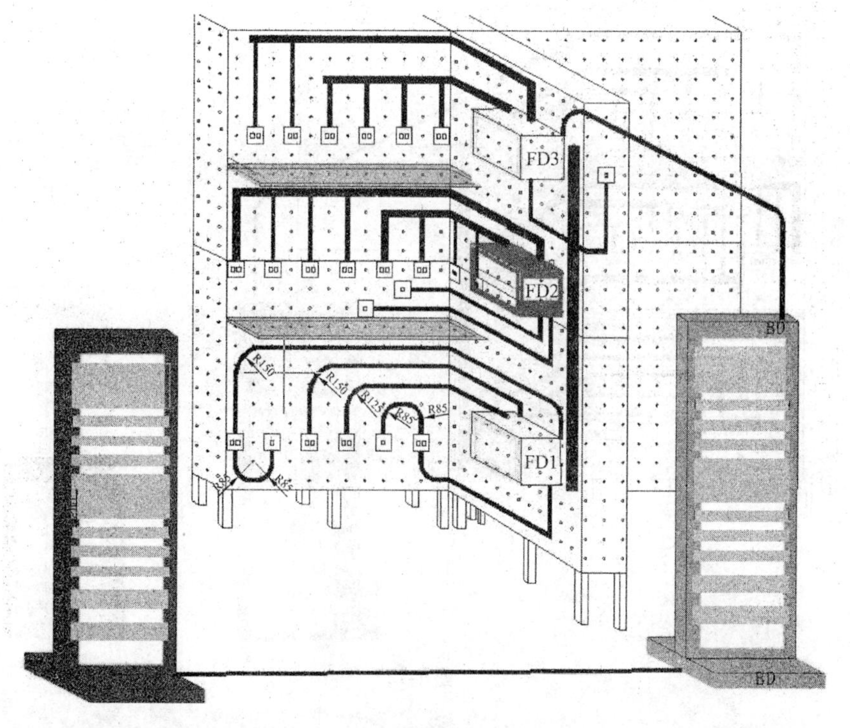

图 7-10

【习题 7-7】 绘制如图 7-11 所示的综合布线比赛系统图和施工图。

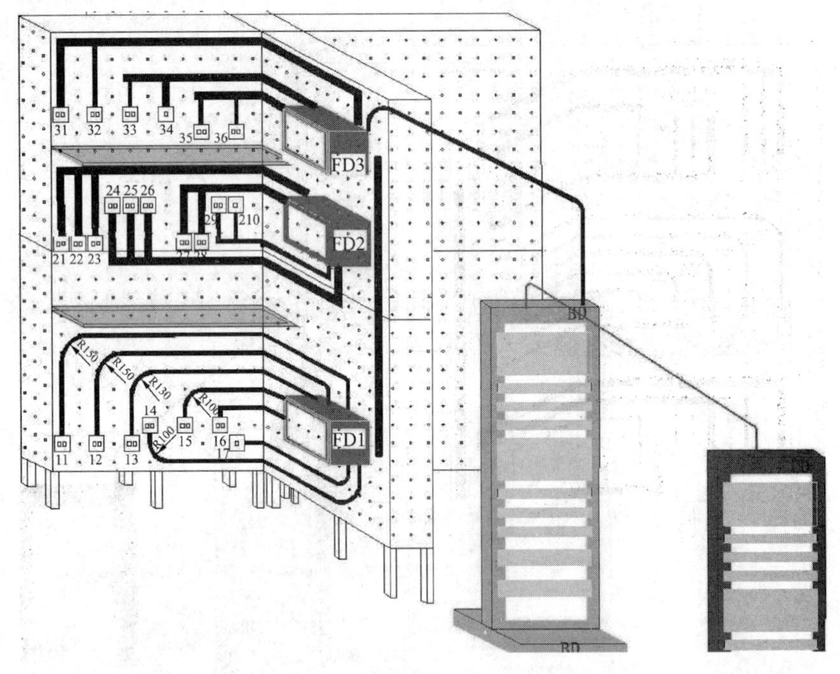

图 7-11

【习题 7-8】 绘制如图 7-12 所示的综合布线比赛系统图和施工图。

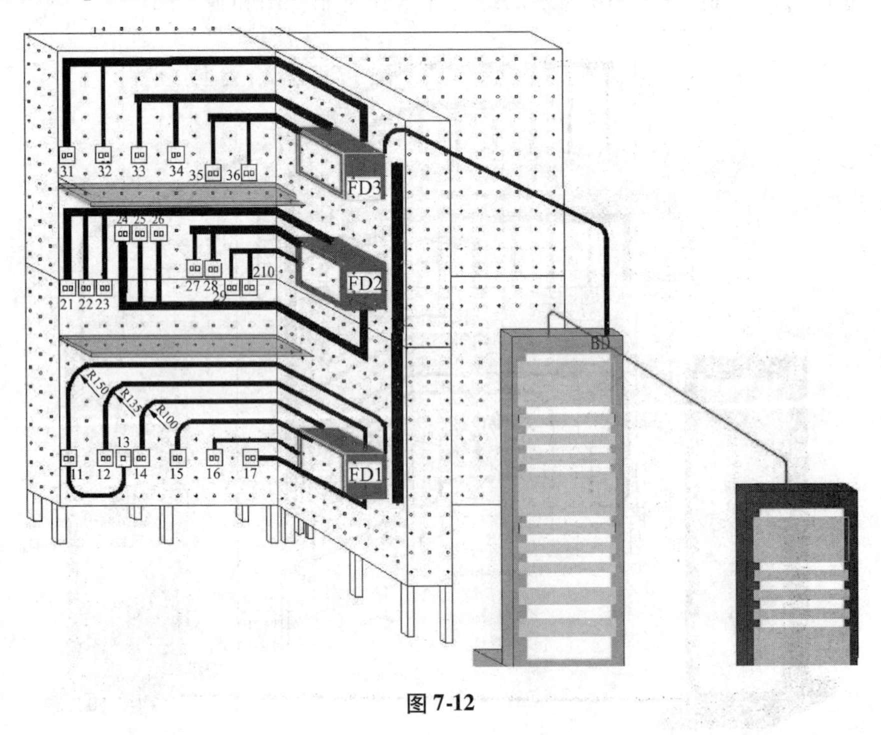

图 7-12

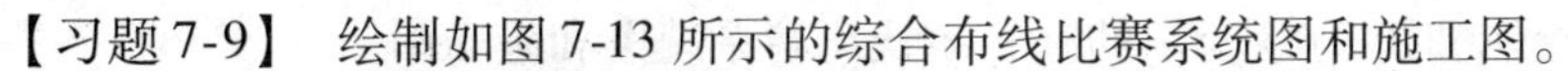

【习题 7-9】　绘制如图 7-13 所示的综合布线比赛系统图和施工图。

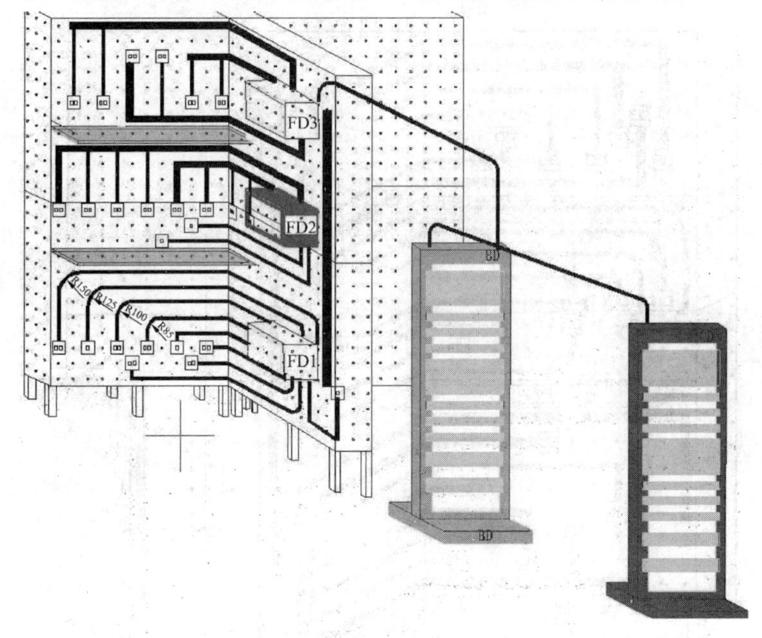

图 7-13

【习题 7-10】　绘制如图 7-14 所示的综合布线比赛系统图和施工图。

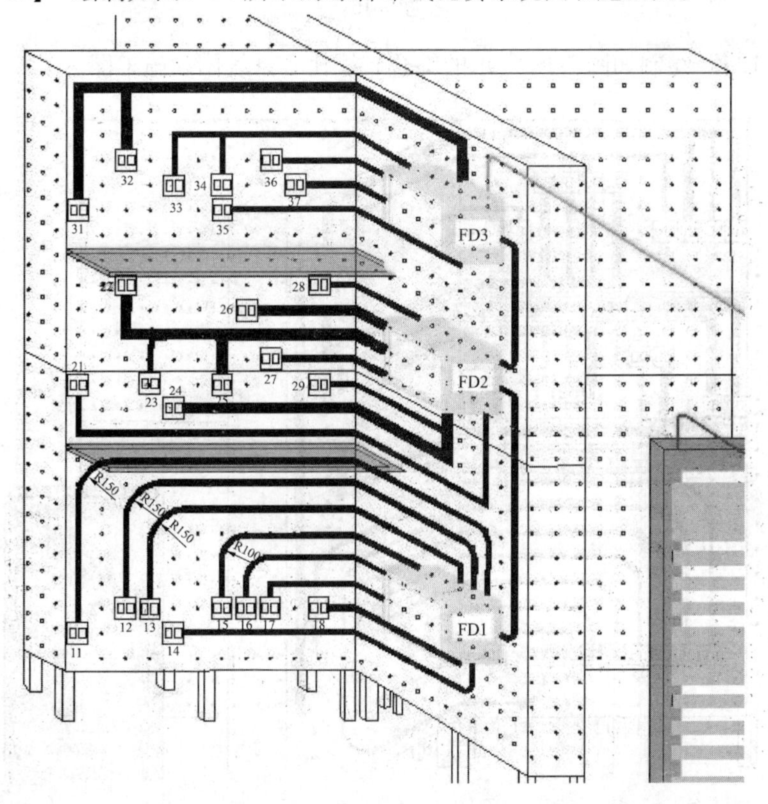

图 7-14

【习题 7-11】 绘制如图 7-15 所示的综合布线比赛系统图和施工图。

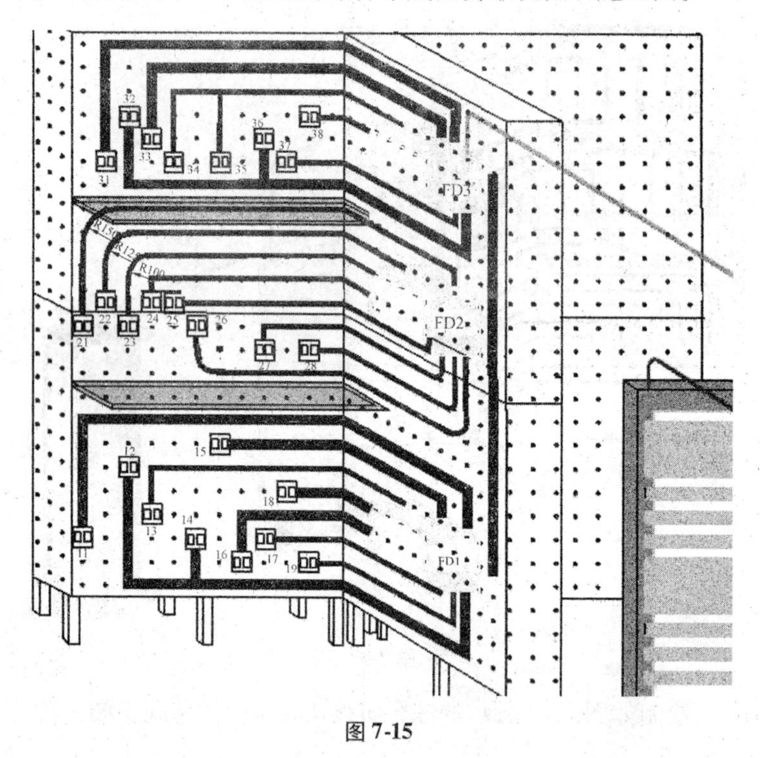

图 7-15

【习题 7-12】 绘制如图 7-16 所示的综合布线比赛系统图和施工图。

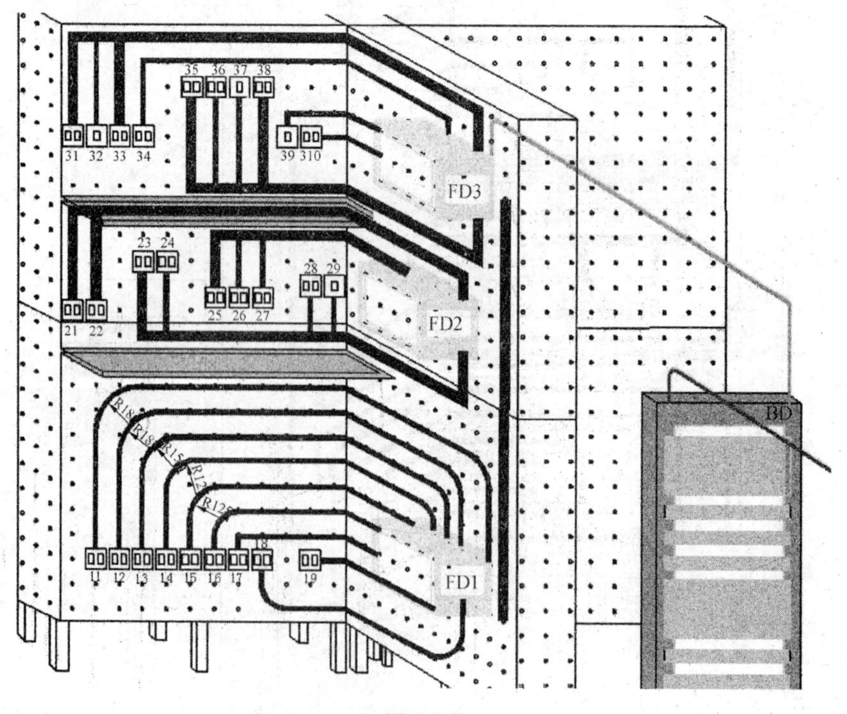

图 7-16

【习题 7-13】　绘制如图 7-17 所示的综合布线比赛系统图和施工图。

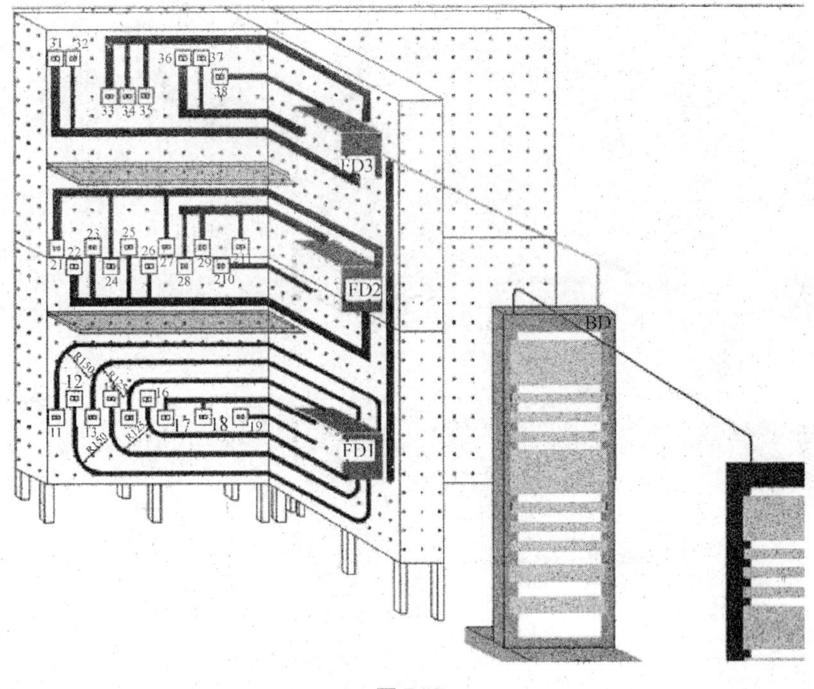

图 7-17

【习题 7-14】　绘制如图 7-18 所示的综合布线比赛系统图和施工图。

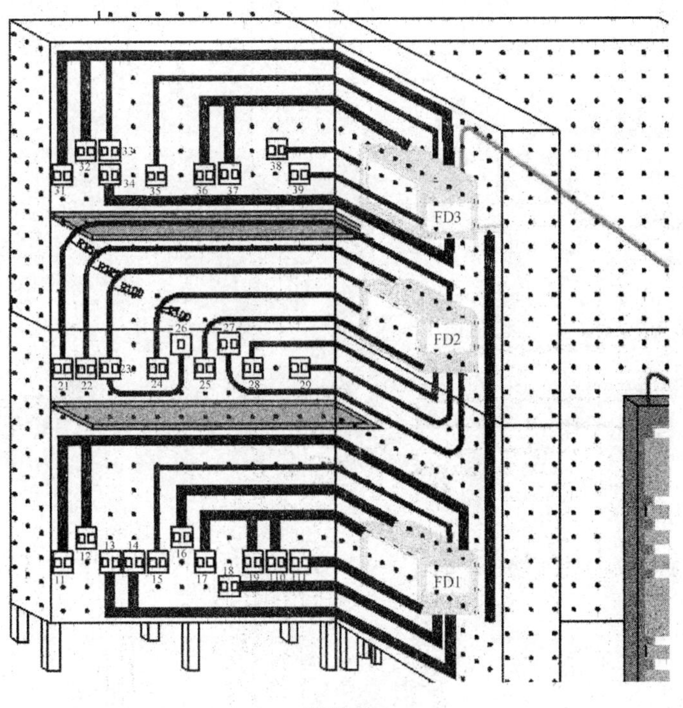

图 7-18